U0177968

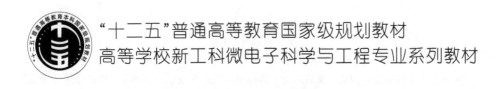

"十二五"普通高等教育国家级规划教材

高等学校新工科微电子科学与工程专业系列教材

固体物理基础教程

（第二版）

主编　贾护军

西安电子科技大学出版社

内 容 简 介

　　本书主要包括结晶学理论、缺陷理论、晶格振动理论和能带理论四章,重点论述了组成晶体的微观粒子(原子、离子、电子等)之间的相互作用及运动规律,进而阐述了晶体的宏观性质及其应用。书中结合作者长期的教学研究和实践,对很多问题采取了新的处理方法,通过深入浅出的论述,使初学者易于理解和接受。书中每章后面都配有一定量的习题和思考题。

　　本书可作为理工科院校物理类专业、电子科学与技术专业以及材料科学等相关专业本科生的基础课教材,也可作为研究生及相关工程技术人员的参考书。

图书在版编目(CIP)数据

固体物理基础教程/贾护军主编. —2 版. —西安:
西安电子科技大学出版社,2021.2
ISBN 978 - 7 - 5606 - 6010 - 3

Ⅰ. ①固…　Ⅱ. ①贾…　Ⅲ. ①固体物理学－高等学校－教材　Ⅳ. ①O48

中国版本图书馆 CIP 数据核字(2021)第 027451 号

策划编辑　　陈　婷
责任编辑　　陈　婷
出版发行　　西安电子科技大学出版社(西安市太白南路 2 号)
电　　话　　(029)88242885　88201467　　邮　　编　　710071
网　　址　　www.xduph.com　　　　　电子邮箱　　xdupfxb001@163.com
经　　销　　新华书店
印刷单位　　广东虎彩云印刷有限公司
版　　次　　2021 年 2 月第 2 版　　2021 年 2 月第 2 次印刷
开　　本　　787 毫米×960 毫米　1/16　印张　9.5
字　　数　　157 千字
印　　数　　3001～3500 册
定　　价　　24.00 元
ISBN 978 - 7 - 5606 - 6010 - 3/O

XDUP 6312002 - 2

＊＊＊如有印装问题可调换＊＊＊

前　言

　　本书不是一本学术专著，更不是一本固体物理学理论全集，而是一本针对普通高校工科电子类专业开设的固体物理基础课程的教材，它的读者对象是刚刚准备进行专业课学习的大学二年级本科生。对于专业技术人员来讲，这本书的内容显然是有些简单了。

　　对于大多数初学者而言，固体物理被公认为是一门很难学的课程。之所以难学主要是出于以下四方面的原因。第一，是因为它的抽象性。固体物理不但进入到了原子、电子级的微观领域，而且很多概念和理论是建立在倒空间的基础上的，它对大家的空间想象力提出了很大的挑战。第二，是因为它的多学科交叉性。它要求比较强的数学物理方面的背景知识，包括高等代数、原子物理、量子力学、数理方程、统计力学以及群论等，而由于高校教育体制的改革，课程设置以及学时数被大幅压缩，有些前修课程被弱化甚至取消，而高等代数、群论则被以任选课的形式设置在了研究生阶段，因此学生的知识背景相对薄弱。第三，是因为学习方法上的新变化。不同于以往在数学和物理课程，尤其是经典力学的学习中大家所熟悉的演绎法，固体物理学中关于很多理论的推导往往具有很大的跳跃性，表面看起来似乎数学逻辑上不够严谨，这一点与大家以前理解和接受知识的习惯很不一样。第四，是因为此教材的特殊性。目前关于固体物理学的书籍和著作非常多，有些已经堪称固体物理学领域的经典之作，然而作为教材，这些书籍中包含的信息量过大且过深，甚至有些书籍中阐述理论的角度偏离了人们所习惯的思维模式，反而会触发一些同学的畏难情绪，令初学者望而却步。

　　基于上述原因，作者根据多年从事固体物理学课程教学的经历和经验，结合对学生接受能力以及各种教材特点的分析和理解，在第一版基础上进行了修订。书中力求以一种相对简单、便于学生理解和接受的方式来介绍固体物理学中最基本的理论和知识，尽量避免过于深奥或繁琐的数学推导，帮助学生从概念和原理出发，建立固体物理学基本的理论框架，为后续课程的学习奠定必要的理论基础。

　　由于学时数的限制，本书中只涉及了固体物理学中最基本的共性基础理论，并被浓缩为结晶学理论、缺陷理论、晶格振动理论和能带理论四部分，建议授课学时 54～76 学时。至于目前蓬勃发展的有关表面物理、非晶态物理、超导物理、低维系统和无序系统，以及多体效应、相变和临界现象等，作者认为它们应该放在固体物理高级教程(或者现代固体物理)中进行讲述。

书中每章在讲述基本理论的同时，也适当穿插介绍了部分相关领域的最新发展以及理论和技术的前沿问题，以期激发学生进一步学习的兴趣。另外，每章最后还配有一定量的习题和思考题，用以帮助大家加深和巩固对相关理论的理解。通过本课程的学习，帮助学生顺利完成后续课程的学习，是编写这本教材的出发点和基本目标。而如果还能有部分同学在学习本课程之后对自然科学的发展产生兴趣，并且愿意投身到自然科学研究的事业中来，那将是作者最美好的愿望。

在本书的编写过程中，作者参考了多本相关教材及专著并列于书后的参考文献中，在此对那些致力于我国固体物理学理论研究和教学工作的前辈和同行表示崇高的敬意。在成书过程中也得益于与徐毓龙教授、柴常春教授、曹全喜教授多次有益的探讨和交流，杨银堂教授、段宝兴博士等在部分章节内容的编排和编写方面也给予了很好的指导和建议。另外，王瑞红同志和成涛同志对书稿中所有的图表进行了系统的编辑和处理；西安电子科技大学出版社陈婷编辑在书稿的排版、审校、出版方面做了大量细致的工作。对所有关心和帮助本书的编写和出版的人们，作者在此表示诚挚的谢意。

由于本人水平有限，书中不妥之处在所难免，恳请大家批评指正。

贾护军

2020 年 10 月

目　录

第1章 结晶学理论

　　1912 年到 1913 年，德国物理学家劳厄（Laue）和英国物理学家布拉格（Bragger）分别从实验上和理论上研究了固体中的 X 射线衍射，从而证明了晶体中原子排列的周期性和对称性，并且用数学上已经研究过的点群和空间群的概念来描述这些性质。人们常把这一重要进展看做近代固体物理学的一个新开端，他们也因此分别获得了 1914 年和 1915 年的诺贝尔物理学奖。

　　本章研究的思路是：首先研究组成固体的微观粒子（主要从原子和离子的角度）能够形成什么样的晶体结构（微观粒子的具体排列方式）；然后讨论晶体结构如何决定晶体的宏观性质；最后通过原子本身的性质（包括原子半径、核外电子构型、负电性等）以及原子之间的相互作用（化学键），来分析为什么原子堆积成晶体时会形成特定的晶体结构。当然，在研究的过程中，也会适当介绍晶体结构的一些描述方法，如原胞、晶胞、晶向、晶面等。

　　自然界中的固体通常可以分为晶体和非晶体，晶体中的原子（或离子）规则排列，长程（微米以上）有序；而非晶体中的组成粒子则不具有长程有序（周期性）的特点。自然界中大家所熟悉的晶体比如 NaCl、钻石、石英、雪花等，都具有规则的几何外形、固定的熔点、各向异性和解理性等特点（晶体的宏观特性）；而玻璃、石蜡等非晶体则不具有这些宏观性质。当然，后来在实验中又发现了晶体和非晶体之外的称为准晶体的材料，准晶体材料中组成粒子的排列方式也具有某种规律性，但却不是严格的周期性。准晶体的发现是固体物理学中的一个新兴领域，这部分内容不在本教材中讨论，读者若感兴趣，则可参考其他相关书籍。

　　晶体又可划分为单晶和多晶。如果组成晶体的原子或离子按照一种排列方式贯穿始终，具有严格的周期性，则称为单晶；而如果晶体是由大量小的单晶颗粒（微米级）构成，则称为多晶。多晶材料除了具有固定的熔点以外，其他宏观性质更接近非晶材料。显然，天然形成的晶体大多为多晶材料。

　　为了研究的方便，固体物理中又提出了一个"理性晶体"（也叫做完美晶体）的概念，即组成晶体的微观粒子（原子、离子）按照某种排列方式周期性无限重复排列，构成的晶体无限大且不含任何杂质或缺陷。这是一个假想的模型，主要是为了在研究晶体的特征和性质时抓住主要矛盾，排除其他非理想因素的干扰。比如，实际晶体中总是存在表面，表面原子排列的周期性发生了中断，而晶体中存在各种缺陷时也会对晶体中微观粒子的运动以及晶体的宏观性质产生影响等。在无特别说明的情况下，本书后续章节中提到的"固体"或"晶体"均指单晶，而且是理性晶体。

　　从上面的定义中，我们不难注意到，所谓晶体结构(也叫做晶格结构或晶格)，实际上就是指组成晶体的微观粒子的具体排列方式。那么，如果某些晶体中原子的排列方式相同，只是原子种类、原子半径或者原子间的距离不同，则可以说这些晶体具有相同的晶体结构，否则称它们具有不同的晶体结构。显然，晶体结构是一个比晶体更抽象的概念，即不同的晶体可以具有相同的晶体结构。

　　下面首先通过比较通俗的描述来感性地认识自然界中常见的晶体结构，然后通过分析逐步引出相关专业概念和术语。

1.1　晶　体　结　构

　　为了便于理解，先不考虑原子本身的性质，而将其视为刚性的球体，不同原子暂时可以理解为大小不同的刚性球体。通过一些简单的实验来看看它们可以形成什么样的结构，并且和自然界中的实际晶体进行联系。

☞ 1.1.1　简立方结构

　　图 1.1 给出了同种原子在一层内的一种最简单的排列形式，即正方排列。如果把这样的原子层严格地重复堆积成三维结构，即每一层原子的投影都严格重合，就构成了所谓简立方结构(Simple Cubic，SC 结构)，其典型的重复单元如图 1.2 所示。这是为了研究晶体结构的共性而进行的一种数学上的抽象，可以理解为一个立方体的八个顶角上各有一个相同的原子，整个晶体就是按照这个单元沿不同方向重复排列而成的。

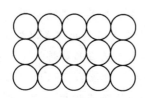

图 1.1　同种原子在层内的正方排列

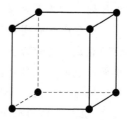

图 1.2　简立方结构的重复单元

常识告诉我们，显然这种结构是不稳定的，因而自然界中不会存在这种结构的晶体。尽管近来在实验室中发现，放射性元素钋（Po）会临时以简立方结构的形式存在，但随即发生衰变，这与我们的结论是不矛盾的。

☞ 1.1.2　氯化铯结构

尽管自然界中不存在简立方结构的晶体，但有些晶体却是在简立方结构的基础上形成的，比如氯化铯（CsCl）晶体。氯化铯结构的典型重复单元如图 1.3 所示，不难想象，整个晶体中的所有氯原子和铯原子各自形成的都是简立方结构，因此氯化铯结构可以理解成是由两个简立方结构体心套构而成的。

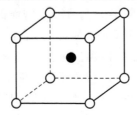

图 1.3　氯化铯结构的重复单元

☞ 1.1.3　体心立方结构

如果同种原子在每一层内都是正方排列的，只是第二层原子的投影正好都位于第一层原子的间隙位置，如图 1.4 所示，以此方式重复排列就得到了体心立方结构（Body Centred Cubic，BCC 结构）。它的一个典型的重复单元如图 1.5 所示。可以看到，这时在立方体的八个顶角和体心位置上各有一个相同的原子，它与图 1.3 所示的氯化铯结构的最大区别就是后者在体心位置上是另一种原子。那么体心立方结构也可以理解成是由所有奇数层和偶数层原子分别组成的 SC 结构体心套构而成的，但是应该注意，由于晶体中同种原子的不可区分性，一般不采用这种说法。

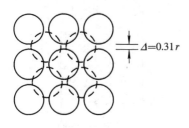

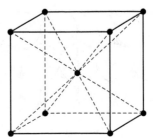

图 1.4　体心立方结构的原子堆积方式　　　　图 1.5　体心立方结构的重复单元

另外，从图 1.4 中还会看到，为了得到体心立方结构，同一层内的原子尽管仍是正方排列，但却不再是紧密挨着的，而是存在一定的间隙。容易证明，如果原子半径为 r，则同一层内的原子间隙为 $\Delta = 0.31r$。研究已经证明，自然界中的锂、钠、钾、铷、铯、铁（Li、Na、K、Rb、Cs、Fe）等金属，就具有体心立方结构。

☞ 1.1.4　密堆积结构

同种原子在同一层内除了正方排列以外，还具有如图 1.6 所示的一种最紧密的排列方式，称为密排原子面。如果再把这种密排原子面以最紧密的方式堆积成三维晶体，就得到了密堆积结构。那么，密堆积结构具有什么样的特点呢？

先来分析密排原子面中原子间隙的特点。在图 1.6 中，先把这第一层密排原子面标注为 A，其中的原子间隙可以区分为三角形开口朝上和朝下的两种，并分别标注为 B 和 C，显然，在 A 层原子面上堆积第二层密排原子面时，原子只能占据 B 位置或 C 位置中的一种，而不可能同时占据。如果第二层密排原子面占据的是 B 位置（称之为 B 层），那么可以想象，B 层上的原子间隙又会对应 A 位置和 C 位置，即第三层可以排 C 层原子，也可以排 A 层原子，以此类推。根据晶格周期性的特点，我们就可以得到两种最典型的密堆积结构，按照密排原子面的堆积方式可以表示为

$$ABABAB\cdots\cdots$$
$$ABCABCABC\cdots\cdots$$

其中第一种密堆积结构的一个典型的重复单元如图 1.7 所示，这是一个六方棱柱，其 12 个顶角和上下两个面心位置上各有一个相同的原子，还有 3 个相同的原子位于六方棱柱的内部，即 B 层原子，这样的结构称为六方密堆积结构（Hexagonal Close Packed，HCP 结构），自然界中，铍、镁、锌、镉（Be、Mg、Zn、Cd）等金属就具有 HCP 结构。

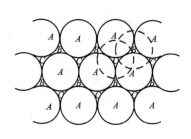

图 1.6　密排原子面

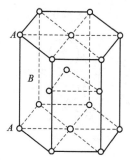

图 1.7　六方密堆积结构的重复单元

第二种密堆积结构的典型的重复单元如图 1.8 所示，即在一个立方体的 8 个顶角和 6 个面心位置上各有一个相同的原子，这样的结构称为立方密堆积结构(Face Centred Cubic，FCC 结构)。从密排原子面的"ABCABCABC……"堆积方式中如何提炼出这一重复单元呢？这个问题的正向思维可能有一点困难，但反过来则很容易理解：试想将图 1.8(a)的结构沿某一条体对角线立起来，并将其中的原子半径逐渐放大，使得最近邻的原子相互挨起来(相切)，那么按照立体几何的知识不难证明，这时的原子将分别位于几个平行的平面内，并且都是密排原子面，而沿着体对角线方向正好就是 ABCA 的排列方式(如图 1.8(b)所示)，即立方密堆积结构。研究表明，自然界中的铜、银、金、铝(Cu、Ag、Au、Al)等金属就具有 FCC 结构。

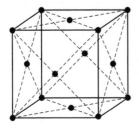
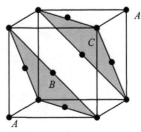

(a)FCC结构的重复单元　　(b)FCC结构沿体对角线方向的*ABCA*排列方式

图 1.8　立方密堆积结构的重复单元

☞ 1.1.5　氯化钠结构

图 1.9 给出了氯化钠(NaCl)结构的一个典型的重复单元。可以看到，它是由 Na^+ 和 Cl^- 正负离子均匀交替排列构成的，但由于正负离子的不同，它并不是一个简单的 SC 结构。如果只看其中的某一种离子(正离子或负离子)，则构成一个 FCC 结构，而由于正负离子的等效性，另一种离子同样也构成了一个 FCC 结构，因此，NaCl 结构可以理解成是由正负离子各自组成的 FCC 结构沿

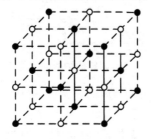

图 1.9　NaCl 结构的重复单元

棱边 1/2 套构而成的。研究已经证明，自然界中除了铯（Cs）以外的碱土金属的卤化物都具有这种结构。

☞ 1.1.6　金刚石结构

图 1.10 给出的是金刚石结构的一个典型的重复单元。先来认识这个结构的特征。该重复单元总共由 18 个同种原子组成，其中在立方体的 8 个顶角和 6 个面心位置各有一个原子，另外 4 个原子则位于体内的 4 条体对角线上，且与最近邻顶角的距离为 1/4 体对角线长度。自然界中，除金刚石晶体外，重要的半导体材料硅（Si）和锗（Ge）也具有这种结构。

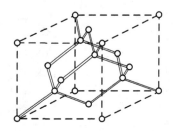

图 1.10　金刚石结构的重复单元

☞ 1.1.7　闪锌矿结构

如果将图 1.10 中立方体内部的四个原子换成不同的原子，则构成了如图 1.11 所示的闪锌矿结构。自然界中一些重要的化合物半导体材料，如硫化锌（ZnS）、砷化镓（GaAs）、磷化铟（InP）等，就具有这种闪锌矿结构。显然，闪锌矿结构与金刚石结构有一定的类似之处。

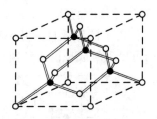

图 1.11　闪锌矿结构的重复单元

☞ 1.1.8　钙钛矿结构

自然界中很多 ABO_3 型化合物材料，如钛酸钡（$BaTiO_3$）、钛酸锶（$SrTiO_3$）、铬酸锶（$SrCrO_3$）等，都具有如图 1.12 所示的典型的重复单元，统称为钙钛矿结构。以钛酸钡为例，立方体的 8 个顶角各有一个 Ba 原子，6 个面心各有一个 O 原子，体心位置上是一个 Ti 原子。

除了上面介绍的几种常见的晶体结构以外，自然界的晶体结构还有很多，比如图 1.13～图 1.15 所示的红镍矿结构、金红石结构以及 $YBa_2Cu_3O_7$ 结构等，这里不再一一列举。不同的学科领域所关心的晶体结构有所不同，大家可以根据自己的兴趣或需要查阅不同的参考书籍。

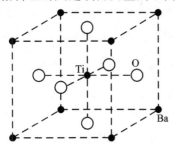

图 1.12　$BaTiO_3$晶体的重复单元

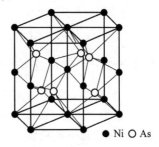

图 1.13　红镍矿结构

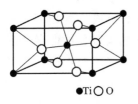

图 1.14　金红石结构

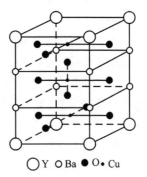

图 1.15　$YBa_2Cu_3O_7$结构

1.2　原胞和晶胞

前面用相对通俗的语言介绍了一些常见的晶体结构，认识到周期性是所有晶体结构中一个贯穿始终的特征。在研究晶体结构的共性时，还形成了很多约定的专业术语或概念，下面逐一进行介绍。

☞ 1.2.1　基元

基元是指组成晶体的基本结构单元。基元中所包含的原子数应当等于晶体中原子的种类数，其中化学成分不同或化学成分相同但"周围环境"不同的原子应视为不同种类的原子。晶体就是由大量完全相同的基元在空间按照一定方式作周期性重复排列构成的。

对基元的概念进行理解时最关键的就是"周围环境"。不妨做这样的理解，即对任意一个原子而言，它的"周围环境"就是指在该原子的哪个方向上、多远距离上有一个什么样的原子。如果完全相同，则那就是同一种原子，否则就应该被看做是不同的原子。比如，Na 晶体是由 Na 原子组成的体心立方结构，设立方体的边长为 a，这时，对于任意一个 Na 原子而言，它的周围环境就是：沿棱边方向距离为 a 处以及沿体对角线方向距离为 $\frac{\sqrt{3}}{2}a$ 处各有一个 Na 原子。于是 Na 晶体中所有 Na 原子是完全等效的，即 Na 晶体的基元中就只含有一个 Na 原子。类似地，Cu 原子组成的 FCC 结构中所有 Cu 原子也是完全等效的，因此 Cu 晶体的基元中也只含有一个 Cu 原子。而 AB 型化合物晶体中，由于不同原子化学成分的不同，其周围环境显然是不同的，于是 NaCl 晶体的基元中必然同时包含一个 Na 原子和一个 Cl 原子，而 CsCl 晶体的基元中则同时包含一个 Cs 原子和一个 Cl 原子，尽管它的重复单元与体心立方(BCC)结构有相像之处，但却属于不同的晶体结构。

下面重点来理解"化学成分相同但周围环境不同"的情况。以金刚石结构为例，其中立方体八个顶角和六个面心上的原子正好组成一个 FCC，这些原子的周围环境显然是完全相同的，另外所有体内原子的周围环境也完全相同，但这两者之间却是不同的，比如，体内原子和顶角原子之间的距离虽然相同，但方向却正好相反，因此应被视为两种原子，即金刚石晶体的一个基元中应该同时包含两个 C 原子。再比如，由 Zn 组成的六方密堆积结构中，六方棱柱顶角和表面的原子应归为一类，而体内的原子则应归为另一类，于是 Zn 晶体的一个基元中也应同时包含两个 Zn 原子。再来看看钙钛矿结构，$BaTiO_3$ 晶体的一个基元中同时应该包含 Ba、Ti 和 O 原子是比较容易理解的，但为什么会是 3 个 O 原子？显然，对于 6 个面心上的 O 原子，尽管 Ba 原子和 Ti 原子在其周围分布的距离都是确定相同的，但方向却是不同的，因此必然被分为 3 类，于是 $BaTiO_3$ 晶体的一个基元中就同时包含了 1 个 Ba、1 个 Ti 和 3 个 O 原子总共 5 个原子。

☞ 1.2.2　布拉菲格子

为了进一步从数学上研究晶体结构的共性，如果不考虑基元的具体细节(内容)，而将其抽象成数学上的点(称为阵点或格点)，那么由于晶格的周期性，这些点也将在空间做有规则的周期性排列，这样就构成了空间点阵。为了研究的方便，用直线将这些点连接起来所构成的空间格子就叫做布拉菲 (Bravias)格子(或者简写为 B 格子)，如图 1.16 所示。

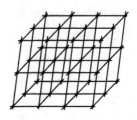

图 1.16　空间点阵和布拉菲格子

　　显然，布拉菲格子是比晶体结构更加抽象的概念，因此不同的晶体结构可以具有相同的布拉菲格子，而布拉菲格子中所有格点的周围环境则是完全相同的，且每一个格点正好对应晶体结构中的一个基元。于是，如果知道了某种晶体的布拉菲格子以及它的基元的具体内容，就可以确定该晶体的结构，即晶体结构=布拉菲格子+基元。而如果基元中只包含一个原子，则晶体结构与布拉菲格子相同，这种晶体称为单式晶格；如果基元中包含两个或更多的原子，那么晶体结构必然就是由几个完全相同的布拉菲格子按照某种规则套构而成的，称之为复式晶格。

　　在 1.1 节所讨论的几种晶体结构中，SC、BCC 和 FCC 结构的晶体的基元中只有一个原子，因此它们对应的 B 格子分别就是 SC、BCC 和 FCC。金刚石结构、闪锌矿结构和 NaCl 结构的基元中均包含两个原子，抽象得到的 B 格子都是 FCC，即它们都是由 FCC 格子套构而成的：金刚石结构和闪锌矿结构都是由两个 FCC 格子沿体对角线方向 1/4 套构而成，而 NaCl 结构则是由两个 FCC 沿棱边 1/2 套构而成。类似地，CsCl 结构是由两个 SC 格子体心套构而成，而钙钛矿结构则是由 5 个 SC 格子套构而成，其套构的方式不太好用语言描述，不妨通过图示的方法给出它的套构规则(如图 1.12 所示)。

　　从上面的讨论中很容易发现，自然界中有很多晶体都归结到了 SC、BCC 和 FCC 三种 B 格子，它们都具有立方体的特点，因此把这一类晶体统称为立方晶系的晶体。当然，自然界中并不只有立方晶系的晶体，还存在别的晶系，比如，上一节中提到的六方密堆积结构的晶体，它的基元中包含两个原子，抽象得到的布拉菲格子是一个简单的六方棱柱(也称为六方密排，HCP 格子)，因此称这一类晶体为六方晶系的晶体。包括立方晶系和六方晶系在内，自然界中总共存在七大晶系的晶体，对应十四种布拉菲格子。其划分的依据后面将会提到。这种划分在晶体对称性的研究中非常重要。

☞ 1.2.3　原胞和晶胞

原胞也称为初基元胞，定义为晶体布拉菲格子中最小的重复区域。由于晶格的周期性，原胞通常是 B 格子中的一个体积最小的平行六面体，因此它必然包含一个（也只能包含一个）基元，原胞与基元的主要区别就在于，基元在数学上是一个抽象的点，而原胞则是基元在 B 格子（或者晶体）中所占的体积。为了便于描述，一般选取原胞的三个相邻的棱边矢量，称为初基元胞基矢（或基矢），分别记为 a_1、a_2、a_3，其大小分别是对应该方向上的最小周期。于是，当以布拉菲格子中任意一个格点为原点建立基矢坐标系时，B 格子中的任意格点就都可以表示为

$$R_n = n_1 a_1 + n_2 a_2 + n_3 a_3 \tag{1.1}$$

其中，R_n 称为正格矢，下标 n 表示第 n 个格点。由于基矢 a_1、a_2、a_3 的大小分别是该方向的最小周期，因此系数 n_1、n_2、n_3 必然只能取 0 或者任意正负整数。于是可以用这三个数值表示第 n 个格点的坐标，记为 $[(n_1 n_2 n_3)]$（注意，这里选用双层括号是因为每一种单独的括号在固体物理学中都有着特定的含义，这一点后面很快就会看到），如果三个值中有负值，通常把负号标在对应值的正上方，如 $[(n_1 \bar{n}_2 n_3)]$。

如图 1.17 所示，前三种做法得到的都是原胞，但第四种做法中水平方向上矢量的大小并不是该方向上的最小周期，因而并不是原胞的正确做法。正是由于布拉菲格子中原胞的选取方法具有这种多样性的特点，因此，通常在研究晶体结构时，会选择一个更大的元胞，即原胞体积的整数倍，以便在保留晶体结构的周期性的同时，更能反映晶体的对称性，并且具有易算的体积。把这样的元胞称为晶胞或惯用元胞，其对应的棱边矢量称为轴矢，用 a、b、c 表示，而轴矢的大小就称为晶格常数（这是晶体的一个特征参数）。1.1 节中所给出的常见晶体结构的典型的重复单元，其实就是它们对应的晶胞。在轴矢坐标系中，任意格点（或原子）也可以用一个正格矢来表示，即

$$R_h = ha + kb + lc \tag{1.2}$$

因此可以用 $[(hkl)]$ 表示第 h 个原子在轴矢坐标系中的坐标，显然，这时 h、k、

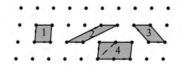

图 1.17　原胞选取的不唯一性

l 的取值已经扩展到了有理数的范围。

以立方晶系的材料为例，其晶胞都具有立方体结构，三个轴矢互相垂直且大小相等，因此可以将其表示为

$$\begin{cases} \boldsymbol{a} = a\boldsymbol{i} \\ \boldsymbol{b} = a\boldsymbol{j} \\ \boldsymbol{c} = a\boldsymbol{k} \end{cases} \qquad (1.3)$$

其中，$\boldsymbol{i}$、$\boldsymbol{j}$、$\boldsymbol{k}$ 为直角坐标系的三个单位矢量，而晶格常数就用 a 表示。根据原胞和晶胞的定义，基矢和轴矢之间必然也存在特定的换算关系（当然与原胞的选取方式有关，一般的原则是使其表达式在形式上具有对称性），仍以立方晶系为例，对于 SC 结构，原胞和晶胞相同，如图 1.18 所示，于是有

$$\begin{cases} \boldsymbol{a}_1 = a\boldsymbol{i} \\ \boldsymbol{a}_2 = a\boldsymbol{j} \\ \boldsymbol{a}_3 = a\boldsymbol{k} \end{cases} \qquad (1.4)$$

对于 FCC 结构，可以选择从原点出发，到三个相邻面心的矢量作为基矢，如图 1.19 所示，因而有

$$\begin{cases} \boldsymbol{a}_1 = \dfrac{a}{2}(\boldsymbol{i}+\boldsymbol{j}) \\ \boldsymbol{a}_2 = \dfrac{a}{2}(\boldsymbol{j}+\boldsymbol{k}) \\ \boldsymbol{a}_3 = \dfrac{a}{2}(\boldsymbol{k}+\boldsymbol{i}) \end{cases} \qquad (1.5)$$

可以验证，这样得到的原胞的体积为 $\dfrac{a^3}{4}$，因此 FCC 晶胞中必然含有 4 个基元（4 个原子，因为它是单式晶格）。

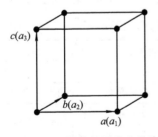

图 1.18 SC 结构的原胞和晶胞

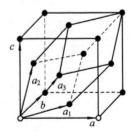

图 1.19 FCC 结构的原胞和晶胞

类似地，对于 BCC 结构，选择从原点出发到相邻三个体心的矢量作为基矢，如图 1.20 所示，有

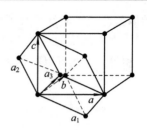

$$\begin{cases} \boldsymbol{a}_1 = \dfrac{a}{2}(\boldsymbol{i} + \boldsymbol{j} - \boldsymbol{k}) \\[2mm] \boldsymbol{a}_2 = \dfrac{a}{2}(\boldsymbol{j} + \boldsymbol{k} - \boldsymbol{i}) \\[2mm] \boldsymbol{a}_3 = \dfrac{a}{2}(\boldsymbol{k} + \boldsymbol{i} - \boldsymbol{j}) \end{cases} \quad (1.6)$$

其原胞体积为 $\dfrac{a^3}{2}$，因此 BCC 晶胞中含有 2 个基
元(2 个原子，也是单式晶格)。

图 1.20　BCC 结构的原胞和晶胞

　　对于 HCP 结构来说，其布拉菲格子仍然是一个 HCP 结构，在如图 1.21 所示的轴矢坐标系中，可以看到它的特点：c 与 a 和 b 都垂直，a 和 b 大小相等、夹角为 120°。如果选择 $\boldsymbol{a}_1 = \boldsymbol{a}$，$\boldsymbol{a}_2 = \boldsymbol{b}$，$\boldsymbol{a}_3 = \boldsymbol{c}$ 作为基矢，那么得到的小的平行六面体就是它的初基元胞。

　　根据图 1.22 中晶胞轴矢的方向和大小之间的关系，自然界的晶体总共可以划分为七大晶系，如表 1.1 所示，对应的十四种布拉菲格子如图 1.23 所示。这部分内容可以参考相关书籍。

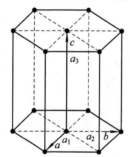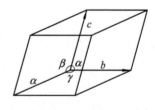

图 1.21　HCP 结构的晶胞和原胞　　　　图 1.22　晶胞中的轴矢及其对应的夹角

表 1.1　七大晶系和十四种布拉菲格子

晶系	轴矢间的关系	布拉菲格子	晶格实例
三斜	$a \neq b \neq c$，$\alpha \neq \beta \neq \gamma \neq 90°$	简单三斜	K_2CrO_7
单斜	$a \neq b \neq c$，$\alpha = \gamma = 90° \neq \beta$	简单单斜，底心单斜	β-S, $CaSO_4 2H_2O$
正交	$a \neq b \neq c$，$\alpha = \beta = \gamma = 90°$	简单正交，底心正交 体心正交，面心正交	α-S, Ga, Fe_3C
三方	$a = b = c$，$\alpha = \beta = \gamma \neq 90°$	简单三方	As, Sb, Bi
六方	$a = b \neq c$，$\alpha = \beta = 90°$，$\gamma = 120°$	简单六方	Zn, Cd, Mg, NiAs
四方	$a = b \neq c$，$\alpha = \beta = \gamma = 90°$	简单四方，体心四方	β-Sn, TiO_2
立方	$a = b = c$，$\alpha = \beta = \gamma = 90°$	简立方，体心立方，面心立方	Cu, Ag, Au, Al

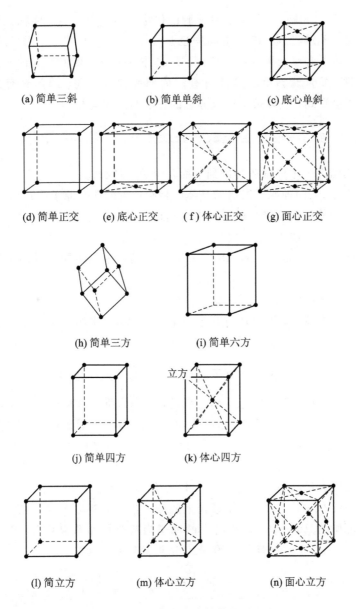

(a) 简单三斜　　　　(b) 简单单斜　　　　(c) 底心单斜

(d) 简单正交　　(e) 底心正交　　(f) 体心正交　　(g) 面心正交

(h) 简单三方　　　　(i) 简单六方

(j) 简单四方　　　　(k) 体心四方

(l) 简立方　　　　(m) 体心立方　　　　(n) 面心立方

图 1.23　十四种布拉菲格子

☞ 1.2.4　魏格纳-赛兹元胞

　　在晶体布拉菲格子中以任意格点为原点，作原点到各级近邻格点连线的中垂面，所得到的围绕原点的最小的封闭区域称为该晶格的魏格纳-赛兹

(Wigner – Seitz)元胞。显然，这种元胞的作法相对复杂一些，体积比较难以计算，但同时又不难看到，该元胞同样也是一个基元在 B 格子中平均所占的体积，因此其体积必然与原胞体积相同。从其作法上可以看到，这种元胞的作法具有唯一性，并且能够反映晶体所有的周期性和对称性，因而具有重要的意义。后面将会看到，晶体第一布里渊区的作法与之完全相同。

☞ 1.2.5　原子半径、配位数和致密度

在结晶学理论中经常还会用到下面几个重要的概念。

原子半径 r：同种原子组成的晶体中相距最近的两个原子间距离的一半（在化合物晶体中使用离子半径的概念更为确切一些，这时相距最近的两个离子间的距离就等于两个离子半径之和）。

配位数（Coordination Number，CN）：指晶体中某个原子其最近邻原子的数目。

致密度 η 也叫空间利用率，即晶体中原子总体积与晶体总体积之比。

对于这几个概念，可以通过几个例子加以理解。比如 FCC 结构的晶体，设晶格常数为 a，从其晶胞中不难看到，原子半径应为立方体面对角线长度的 $1/4$，即 $r=\dfrac{\sqrt{2}a}{4}$。FCC 由同种原子组成，因此配位数都相同，以立方体顶角原子为例，相邻面心位置上的原子离它最近，这样的原子总共有 12 个，因此 FCC 结构的配位数 CN＝12。当然，这一点也可以从另一方面理解，FCC 是立方密堆积结构，对任意原子而言，同一层内有 6 个原子与之相切，上下两层内各有 3 个原子与之相切，因此配位数为 12。由于晶胞是晶体的一个重复单元，因此原子致密度可以通过晶胞来计算。对于 FCC 结构，体积为 a^3 的立方体内总共有多少个原子呢？由于立方体 8 个顶角上的原子都同时被 8 个晶胞所共有，贡献给每一个晶胞的只有 1/8，而面心上的原子为两个相邻晶胞共有，贡献给一个晶胞的只有 1/2，于是计算得到的 FCC 结构的致密度为

$$\eta = \frac{\left(8 \times \dfrac{1}{8} + 6 \times \dfrac{1}{2}\right) \times \dfrac{4}{3}\pi r^3}{a^3} = \frac{4 \times \dfrac{4}{3}\pi \left(\dfrac{\sqrt{2}a}{4}\right)^3}{a^3} \approx 0.74$$

再比如，金刚石结构中，设晶格常数为 a，从其晶胞中可以看到，原子半径应为体对角线长度的 $\dfrac{1}{8}$，即 $r=\dfrac{\sqrt{3}a}{8}$，对于任意一个体内的原子来说，其最近邻的总共有 4 个原子，并且正好构成一个正四面体，也叫共价四面体，如图 1.24 所示，这是半导体领域最为关注的结构，因此其配位数 CN＝4。类似地，可以

计算金刚石结构晶体的致密度为

$$\eta = \frac{\left(8 \times \frac{1}{8} + 6 \times \frac{1}{2} + 4\right) \times \frac{4}{3}\pi r^3}{a^3} = \frac{8 \times \frac{4}{3}\pi \left(\frac{\sqrt{3}a}{8}\right)^3}{a^3} \approx 0.34$$

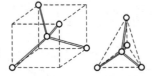

图 1.24 共价四面体结构

需要指出的一点是，根据配位数的定义，晶体中最近邻的原子之间必然是相互挨着的，但挨着的原子却并不一定是最近的。这一点在三元以上的化合物晶体中体现得最为充分。以钙钛矿结构中的 $BaTiO_3$ 晶体为例，立方晶胞顶角上的 Ba 原子最近邻的是 12 个 O 原子，面心上的 O 原子最近邻的是相邻的两个体心的 Ti 原子，而体心 Ti 原子最近邻的则是相邻 6 个面心的 O 原子，构成一个如图 1.25 所示的氧八面体结构，这是很多功能材料领域非常关心的结构，于是 $BaTiO_3$ 晶体中原子的配位数分别为

$$CN_{Ba} = 12$$
$$CN_O = 2$$
$$CN_{Ti} = 6$$

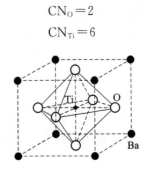

图 1.25 $BaTiO_3$ 晶体中的氧八面体结构

从上面的分析可以看到，配位数和致密度都反映了晶体中原子堆积的紧密程度。尽管金刚石结构是由两个 FCC 套构而成的，但原子堆积的紧密程度却降低了，其中的原子配位数从 12 降到了 4，而致密度则从 0.74 降到了 0.34，可见，在密堆积基础上形成的结构并不一定是密堆积结构，这时晶体中存在大量的原子间隙。描述晶体中原子间隙的大小可以采用最大间隙半径的概念，它反映的是晶体中所能容纳的最大外来原子(杂质)。以 BCC 结构的晶体为例，假设

晶格常数 a 已知，则原子半径为 $r = \dfrac{\sqrt{3}\,a}{4}$，这时，最大间隙将会出现在立方体的面心位置上，如图 1.26 所示，如果在该位置放一个杂质原子，并设其半径为 R_i，则该原子必然和相邻的两个体心原子相切，于是有

$$r + R_i = \frac{a}{2} \Rightarrow R_i = \frac{a}{2} - \frac{\sqrt{3}\,a}{4} = \frac{2 - \sqrt{3}}{4}a$$

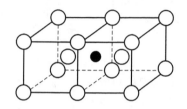

图 1.26　BCC 结构中的最大间隙

从前面的讨论中可以知道，周期性是所有晶体结构的共同属性，而正是由于组成晶体的微观粒子的周期性排列，不同的晶体结构还会具有各种各样特殊的对称性。所谓晶体的对称性，是指经过某种操作（或变换）以后，晶体能够自身重合的性质，其中的操作称为对称操作。显然，晶格的周期性本身就是一种对称性，即平移对称性。在这种对称操作中，所有格点（或原子）都发生了移动。另外还有一类对称操作，在操作过程中至少有一个点是不动的，称为点对称操作，包括旋转、镜像、反演、象转等。晶体结构不同时，对称性的强弱不同，或者说所包含的对称操作的数目不同，可以用群的概念来描述，不包括平移操作时，总共可以划分为 32 种点群，与平移操作相结合以后扩展为 230 种空间群。晶体结构的对称性不仅表现在原子的微观排列以及晶体的几何外形上，而且还反映在晶体的宏观性质上，因此对于研究晶体的宏观性质具有非常重要的意义。关于晶体对称性的理论，本教材中不作重点讨论，有兴趣的话可以参考其他相关书籍。

1.3　晶向和晶面

晶体的一个重要特点就是具有各向异性，即沿着不同的方向晶体的宏观性质不同。这就需要我们能够区分和标志晶体中不同的方向，这是结晶学理论中的一个重要内容，需要引入晶向和晶面的概念。

☞ **1.3.1 晶向和晶向指数**

由于晶格的周期性，布拉菲格子中的格点可以看成是分列在一系列平行等距的直线系上，这些直线系称为晶列，晶列所确定的方向称为晶向，如图1.27所示。注意，如果考虑的是原子，那么当基元中含有两个或两个以上的原子时，原子列之间是平行但不等距的。

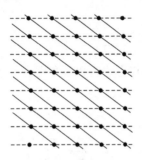

图 1.27　晶列和原子列

一旦坐标系(通常选择轴矢坐标系)确定，平行的晶列中必然有一条通过原点，那么，选择该晶列上任意一个非原点的格点，将其格点指数化为互质整数，并用方括号括起来，就标志了该晶向，称为晶向指数，记为$[hkl]$。如图1.28中画出了立方晶系常用的$[100]$、$[110]$和$[111]$晶向。由于晶体的对称性，晶体中沿某些晶向上的原子的排列情况完全相同，因而晶体沿这些晶向的宏观性质也完全相同，把这些晶向称为等效晶向，统称时用尖括号表示，如⟨100⟩、⟨110⟩、⟨111⟩等效晶向中分别包含了6、12和8个晶向，如图1.29~图1.31所示。

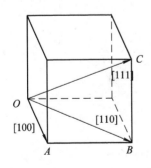

图 1.28　立方结构中常用的$[100]$、
　　　　　$[110]$和$[111]$晶向

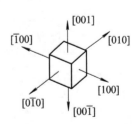

图 1.29　⟨100⟩等效晶向

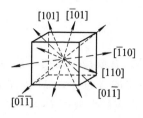

图 1.30　〈110〉等效晶向

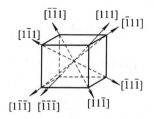

图 1.31　〈111〉等效晶向

☞ 1.3.2　晶面和晶面指数

同样，布拉菲格子中的格点也可以看成是位于平行等距的平面系上，如图 1.32 所示，称为晶面系或晶面族。当基元中包含两个或以上原子时，原子面之间是平行但不等距的。

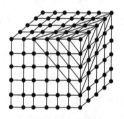

图 1.32　不同晶面族示意图

晶面用晶面指数（或称密勒指数）来表示，晶面指数确定的方法是：找出晶面系中任意一个不过原点的晶面在三个晶轴上的截距，取倒数后化为互质整数，并用圆括号括起来，即 (hkl)（注意：截距为 0 时对应晶面指数取 1，而截距为 ∞ 时对应晶面指数取 0），图 1.33 中画出了立方晶系常用的 (100)、(110)、(111) 晶面。

(a) (100)晶面　　　(b) (110)晶面　　　(c) (111)晶面

图 1.33　立方晶系常用的晶面

与晶向类似，也存在等效晶面的概念，用花括号表示，如 $\{hkl\}$。立方晶系中常用的等效晶面包括 $\{100\}$、$\{110\}$、$\{111\}$，分别包括 6、12、8 个晶面，如图 1.34 所示。

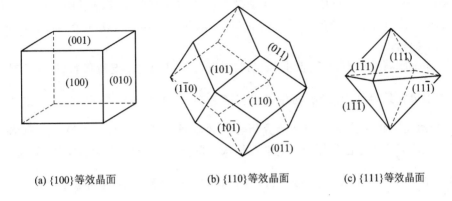

(a) {100}等效晶面　　　　　(b) {110}等效晶面　　　　(c) {111}等效晶面

图 1.34　立方晶系中的等效晶面

☞ 1.3.3　金刚石结构的各向异性

有了晶向晶面的知识以后就可以来分析研究晶体微观结构如何决定晶体的宏观性质了。以金刚石结构为例，设其晶格常数为 a，在图 1.10 所示的金刚石结构的晶胞中，容易得到，金刚石结构沿〈100〉晶向的原子线密度为 $1/a$，而在〈100〉晶向的一个周期 a 内，总共存在 5 个(100)原子面，正好将 a 四等分，即(100)面间距为 $a/4$，如图 1.35 所示。而(100)面的原子面密度都等于 $2/a^2$。为了描述(100)面间原子结合的强弱，我们不妨引入共价键(金刚石结构中原子间以共价键结合，后面会讲到)面密度的概念，定义为相邻晶面之间单位面积上共价键的数目。从金刚石结构晶胞中可以看到，每个原子周围都有四个共价键，分别与前后两个(100)面内的原子连接，因此(100)面间的共价键面密度正好是其原子面密度的两倍，即 $\dfrac{2\times2}{a^2}=\dfrac{4}{a^2}$。

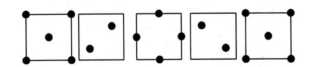

图 1.35　金刚石结构沿〈100〉晶向一个周期 a 内均匀分布的 5 个(100)晶面

类似地，我们也可以得到金刚石结构沿〈110〉晶向和{110}晶面原子排列的情况，对应数据分别为：〈110〉晶向原子线密度为 $\dfrac{\sqrt{2}}{a}$，(110)面间距为 $\dfrac{\sqrt{2}a}{4}$，(110)原子面密度为 $\dfrac{2\sqrt{2}}{a^2}$，(110)共价键面密度为 $\dfrac{2\sqrt{2}\times1}{a^2}=\dfrac{2\sqrt{2}}{a^2}$(其中所乘的系数

1 是因为每个原子所形成的 4 个共价键中有两个正好位于该原子所在的(110)晶面内，其余两个共价键分别与前后(110)原子面连接，因此共价键面密度等于原子面密度）。

　　而金刚石结构沿〈111〉晶向和{111}晶面原子排列的情况比较特殊，除了从晶胞中很容易得到〈111〉晶向原子线密度为 $\dfrac{2\sqrt{3}}{3a}$、(111)原子面密度为 $\dfrac{4\sqrt{3}}{3a^2}$ 以外，(111)面间距和共价键面密度的分析相对要困难一些。我们不妨换一种思路，根据前几节的讨论已经知道，金刚石结构实际上是由 $ABCA$ 和 $A'B'C'A'$ 两个 FCC 结构沿体对角线方向（即〈111〉晶向）以 $\dfrac{\sqrt{3}a}{4}$ 的距离套构而成的，而一个 FCC 沿〈111〉晶向会由 $ABCA$ 四个(111)面将体对角线三等分，即(111)面间距为 $\dfrac{\sqrt{3}a}{3}$。于是金刚石结构沿〈111〉晶向的一个周期 $\sqrt{3}a$ 内，必然就会存在如图 1.36 所示的 $AA'BB'CC'A$ 七个(111)面，并且(111)面之间的面间距有两种：$\dfrac{\sqrt{3}a}{4}$ 和 $\dfrac{\sqrt{3}a}{3}-\dfrac{\sqrt{3}a}{4}=\dfrac{\sqrt{3}a}{12}$，对应的共价键面密度也有两种，面间距为 $\dfrac{\sqrt{3}a}{4}$ 的两个(111)面之间每个原子通过一个共价键与对面的(111)面连接，共价键面密度为 $\dfrac{4\sqrt{3}}{3a^2}\times 1=\dfrac{4\sqrt{3}}{3a^2}$。而面间距为 $\dfrac{\sqrt{3}a}{12}$ 的两个(111)面之间每个原子通过三个共价键与对面的(111)面连接，共价键面密度为 $\dfrac{4\sqrt{3}}{3a^2}\times 3=\dfrac{4\sqrt{3}}{a^2}$，显然，这两个(111)面之间

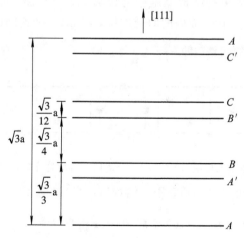

图 1.36　金刚石结构沿〈111〉晶向的双层原子面结构

面间距最小，且共价键面密度最高，结合最紧密，因此可以把它们看做一个整体，称为双层原子面。

　　根据上面的分析和计算，已经得到了金刚石结构常用晶向和晶面上原子排列的情况，为了便于比较，将所有的计算结果汇总于表 1.2，其中为了能够直观地看到各参数之间的大小关系，将无理数近似为小数。

表 1.2　金刚石结构常用晶向晶面原子的排列情况

晶向或晶面	原子线密度	原子面密度	面间距	共价键面密度
100	$1/a$	$2/a^2$	$0.25a$	$4/a^2$
110	$1.41/a$	$2.83/a^2$	$0.35a$	$2.83/a^2$
111 双层原子面间 111 双层原子面内	$1.17/a$	$2.31/a^2$	$0.43a$ $0.14a$	$2.31/a^2$ $6.93/a^2$

　　通过表 1.2 就可以分析晶体的微观结构如何决定晶体宏观性质的各向异性。

　　(1) 解理性。晶体在外力(剪切、撞击等)作用下具有沿着某些特定晶面劈裂开来的性质，称为晶体的解理性，而这些劈裂的晶面称为解理面。显然，在金刚石结构中，(111)双层原子面之间面间距最大，共价键面密度最小，结合最弱，是金刚石结构中最薄弱的环节，在外力作用下最容易从此处断裂。因此(111)面是金刚石结构的解理面。

　　(2) 化学腐蚀速度。(111)双层原子面内面间距最小，共价键面密度最大，结合最强，因此宏观上金刚石结构的晶体沿〈111〉晶向的化学腐蚀速度是最慢的。除了〈111〉晶向以外，〈110〉晶向上(110)晶面面间距最大，共价键面密度最小，结合最弱，因此金刚石结构沿〈110〉晶向的化学腐蚀速度是最快的。相对而言，〈100〉晶向的化学腐蚀速度居中，因此金刚石结构沿不同晶向化学腐蚀速度的大小关系是：〈110〉＞〈100〉＞〈111〉。

　　(3) 常用晶向晶面的判断。既然〈111〉晶向的化学腐蚀速度最慢，那么当腐蚀中止时，必然都会中止在(111)晶面上，于是，对于金刚石结构的晶体，经化学腐蚀后在不同晶面上就会留下不同的特殊图形，因此我们可以通过简单的实验来确定材料的晶向或晶面。比如，对于 Si 材料，经化学腐蚀后在(100)和(111)晶面得到的腐蚀坑的形状分别如图 1.37 和图 1.38 所示，显微镜下观察到的则分别为正方形和正三角形。当然，如果所观察到的图形有所变形，则说明所测材料的晶向并不是严格的沿着某个晶向，而是存在一定的偏离角度。

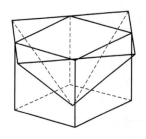

图 1.37　金刚石结构(100)晶面化学
　　　　腐蚀坑的形状

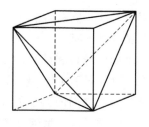

图 1.38　金刚石结构(111)晶面化学
　　　　腐蚀坑的形状

除了上述几点以外，还可以通过引申而对金刚石结构晶体的很多性质的各向异性加以理解，比如：

(1) 晶体材料生长。采用外延工艺(比如化学气相淀积 CVD)进行金刚石结构材料生长时，由于(111)晶面上具有最高的共价键面密度，生长原子在该晶面的结合最容易，因此金刚石结构晶体生长时往往具有⟨111⟩晶向择优生长的特点。

(2) 热氧化。金刚石结构的晶体(如 Si)进行热氧化时，由于上面分析的原因，热氧化的中止面往往在(111)双层原子面内，这时氧化层与衬底界面处必然存在很高密度的未饱和键(界面态)，因此制作 MOS 类器件时一般不采用(111)晶面。

(3) (110)晶面的特殊用途。正如上面所提到的，金刚石结构的晶体沿⟨110⟩晶向化学腐蚀速度最快，这在目前的微电子加工工艺中不易控制，因此目前制作器件和电路时一般不使用(110)晶面的材料，但也正是这个原因，使得(110)晶面的材料在垂直功率器件、以及 MEMS 器件等需要深度腐蚀的特殊器件制作中却很有用处。

上面以金刚石结构为例，分析了晶体微观结构如何决定晶体的宏观性质，通过本课程以及后续章节的学习，大家还可以进一步挖掘晶体其他性质与其微观结构之间的关系，而且上述研究的方法也可以类推到其他结构的材料。

☞ 1.3.4　六方晶系的四指数表示法

前面讨论的用三个指数表示晶向晶面的方法原则上适用于任何晶系，但用于如图 1.39 所示的六方晶系时，却存在一些问题，比如，根据晶体结构的周期性和对称性，图中六方棱柱的六个柱面所在的晶面显然是等效晶面，但是按照三指数表示法，这六个柱面分别可以表示为(100)、(010)、($\bar{1}$10)、($\bar{1}$00)、(0$\bar{1}$0)和(1$\bar{1}$0)，它们无法用统一的指数来表示，而六方棱柱的上下表面所在晶面(001)和(00$\bar{1}$)的晶面指数尽管与之类似，但却并不等效。为了解决这一问题，通常在轴矢坐标系的基础上引入一个新的轴，形成如图 1.40 所示的四轴坐标系，其中 a_1、a_2、c 不变，$a_3 = -(a_1 + a_2)$。这时六个等效的柱面就会具有类似的晶面指数，如(10$\bar{1}$0)、(01$\bar{1}$0)、($\bar{1}$100)、($\bar{1}$010)、(0$\bar{1}$10)和(1$\bar{1}$00)，可以统一用{1$\bar{1}$00}来表示。当然，引入四指数表示法以后又会产生新的问题，例如，a_1 轴所在的晶向可以表示成[1000]，也可以表示成[2$\bar{1}$$\bar{1}$0]，为了统一，人为地规定，四指数中的前三个指数之和必须等于 0，于是，a_1 轴所在的晶向就只能表示成[2$\bar{1}$$\bar{1}$0]，而与之等效的晶向统一用〈11$\bar{2}$0〉表示。

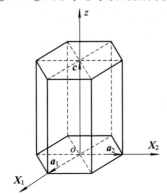

图 1.39　六方晶系的三轴坐标系

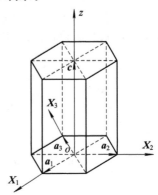

图 1.40　六方晶系的四轴坐标系

1.4　倒格子和布里渊区

研究晶体中微观粒子(原子、电子等)的运动时，它的波动性更重要，而其波函数中一个关键的特征参数就是波矢，比如电子波矢 $|k| = \dfrac{2\pi}{\lambda}$($\lambda$ 为波长)，它的量纲为[长度]$^{-1}$。为了方便研究，通常在晶体结构的基础上建立一个新的空间，称为波矢空间，也叫做倒空间或动量空间，显然晶格所处的空间我们称为正空间，正空间中每种晶格都会在倒空间对应一种特定的格子(称为倒格子)。而布里渊区(Brillouin Zone，简写为 B. Z.)则是倒格子中一个基本的原胞。这一组概念在后面晶格振动理论和能带理论中非常重要。下面先来看看倒格子的定义和性质。

☞ 1.4.1　倒格子

根据正空间晶体布拉菲格子中初基元胞基矢 a_1、a_2、a_3，对应地可定义 b_1、

b_2、b_3为倒空间倒格子初基元胞基矢，它们之间的关系（定义式）为

$$\boldsymbol{a}_i \cdot \boldsymbol{b}_j = 2\pi\delta_{ij} = \begin{cases} 2\pi & i = j \\ 0 & i \neq j \end{cases} \qquad i, j = 1, 2, 3 \qquad (1.7)$$

对于这个定义式，可以作简单的推导。

首先，由定义式容易得到

$$\boldsymbol{b}_1 \perp \boldsymbol{a}_2,\ \boldsymbol{b}_1 \perp \boldsymbol{a}_3 \Rightarrow \boldsymbol{b}_1 \mathbin{/\!/} (\boldsymbol{a}_2 \times \boldsymbol{a}_3)$$

即 $\boldsymbol{b}_1$ 垂直于 $\boldsymbol{a}_2$、$\boldsymbol{a}_3$ 所确定的平面。于是可设 $\boldsymbol{b}_1 = c(\boldsymbol{a}_2 \times \boldsymbol{a}_3)$，其中 c 为待定系数。再根据定义式中的 $\boldsymbol{a}_1 \cdot \boldsymbol{b}_1 = 2\pi$，有

$$2\pi = \boldsymbol{a}_1 \cdot c(\boldsymbol{a}_2 \times \boldsymbol{a}_3) = c\Omega$$

其中 $\Omega = \boldsymbol{a}_1 \cdot (\boldsymbol{a}_2 \times \boldsymbol{a}_3)$ 为布拉菲格子中初基元胞的体积，于是

$$c = \frac{2\pi}{\Omega}$$

$$\boldsymbol{b}_1 = \frac{2\pi}{\Omega}(\boldsymbol{a}_2 \times \boldsymbol{a}_3)$$

类似地有，

$$\boldsymbol{b}_2 = \frac{2\pi}{\Omega}(\boldsymbol{a}_3 \times \boldsymbol{a}_1),\ \boldsymbol{b}_3 = \frac{2\pi}{\Omega}(\boldsymbol{a}_1 \times \boldsymbol{a}_2)$$

显然，

$$\begin{cases} \boldsymbol{b}_1 = \dfrac{2\pi}{\Omega}(\boldsymbol{a}_2 \times \boldsymbol{a}_3) \\[2mm] \boldsymbol{b}_2 = \dfrac{2\pi}{\Omega}(\boldsymbol{a}_3 \times \boldsymbol{a}_1) \\[2mm] \boldsymbol{b}_3 = \dfrac{2\pi}{\Omega}(\boldsymbol{a}_1 \times \boldsymbol{a}_2) \end{cases} \qquad (1.8)$$

与定义式(1.7)是完全等价的。将 $\boldsymbol{b}_1$、$\boldsymbol{b}_2$、$\boldsymbol{b}_3$ 构成的倒格子初基元胞沿三个方向周期性重复排列便得到整个倒空间，其中的每一个节点称为倒格点。根据上面倒格子的定义，可以得到以下一些关于倒格子的基本特点或性质。

（1）如果定义倒格子初基元胞的体积为 $\Omega^* = \boldsymbol{b}_1 \cdot (\boldsymbol{b}_2 \times \boldsymbol{b}_3)$，那么不难证明，它与正格子初基元胞体积之间有着特定的关系，即 $\Omega\Omega^* = (2\pi)^3$。

（2）正倒格子一一对应：每一种正格子都会对应一种特定的倒格子。但是正倒空间并不是点和点的对应关系，比如，根据倒格子基矢的定义，$\boldsymbol{b}_1$ 方向上周期性分布着很多个倒格点，而 $\boldsymbol{b}_1$ 又垂直于 $\boldsymbol{a}_2$、$\boldsymbol{a}_3$ 所确定的平面，这是一族平行等距的晶面，因此不难理解，$\boldsymbol{b}_1$ 方向上的每一个格点正好对应了这一族晶面中的某一个，即倒空间的一个点对应了正空间的一个面，反之亦然。

以立方晶系为例，SC 结构的初基元胞基矢为

$$\begin{cases} \boldsymbol{a}_1 = a\boldsymbol{i} \\ \boldsymbol{a}_2 = a\boldsymbol{j} \\ \boldsymbol{a}_3 = a\boldsymbol{k} \end{cases}$$

根据倒格子基矢的定义容易得到

$$\begin{cases} \boldsymbol{b}_1 = \dfrac{2\pi}{a}\boldsymbol{i} \\[2mm] \boldsymbol{b}_2 = \dfrac{2\pi}{a}\boldsymbol{j} \\[2mm] \boldsymbol{b}_3 = \dfrac{2\pi}{a}\boldsymbol{k} \end{cases} \tag{1.9}$$

显然，由 $\boldsymbol{b}_1$、$\boldsymbol{b}_2$、$\boldsymbol{b}_3$ 构成的倒格子仍然是一个 SC 结构。类似地，不难证明，FCC 格子的倒格子是 BCC，而 BCC 的倒格子是 FCC。即 SC 的倒格子仍是 SC，而 FCC 和 BCC 互为倒格子。

（3）建立倒格子基矢坐标系以后，倒空间任意倒格点都可以用一个倒格矢来表示，即

$$\boldsymbol{G}_h = h_1\boldsymbol{b}_1 + h_2\boldsymbol{b}_2 + h_3\boldsymbol{b}_3 \tag{1.10}$$

显然，由于 $\boldsymbol{b}_1$、$\boldsymbol{b}_2$、$\boldsymbol{b}_3$ 的大小分别为格子方向上的最小周期，因此 h_1、h_2、h_3 必然只能取零或正负整数，而当 h_1、h_2、h_3 互质时，$\boldsymbol{G}_h$ 则表示该方向上的最短倒格矢。

（4）倒格矢 $\boldsymbol{G}_h = h_1\boldsymbol{b}_1 + h_2\boldsymbol{b}_2 + h_3\boldsymbol{b}_3$ 垂直于晶面族 $\{h_1h_2h_3\}$。

在如图 1.41 所示的基矢坐标系中，假设 ABC 为晶面族 $\{h_1h_2h_3\}$ 距离原点 O 最近的晶面，与三个轴的交点为 A、B、C，根据晶面指数的定义，必然有

$$\boldsymbol{OA} = \frac{\boldsymbol{a}_1}{h_1},\ \boldsymbol{OB} = \frac{\boldsymbol{a}_2}{h_2},\ \boldsymbol{OC} = \frac{\boldsymbol{a}_3}{h_3}$$

而 ABC 面上两个不平行的矢量 $\boldsymbol{AB}$ 和 $\boldsymbol{BC}$ 分别可表示成

$$\boldsymbol{AB} = \boldsymbol{OB} - \boldsymbol{OA} = \frac{\boldsymbol{a}_2}{h_2} - \frac{\boldsymbol{a}_1}{h_1}$$

$$\boldsymbol{BC} = \boldsymbol{OC} - \boldsymbol{OB} = \frac{\boldsymbol{a}_3}{h_3} - \frac{\boldsymbol{a}_2}{h_2}$$

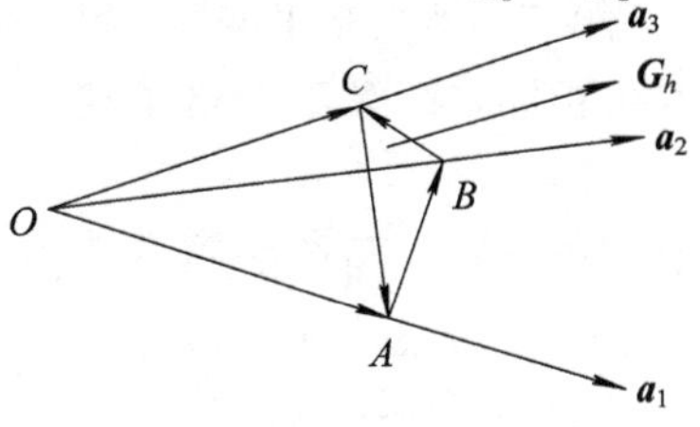

图 1.41　晶面与倒格矢之间的关系

由倒格矢的定义，得

$$AB \cdot G_h = \left(\frac{a_2}{h_2} - \frac{a_1}{h_1} \right) \cdot (h_1 b_1 + h_2 b_2 + h_3 b_3) = 2\pi - 2\pi = 0$$

所以

$$G_h \perp AB$$

同理

$$G_h \perp BC$$

所以 $G_h \perp$ 面 ABC，即 $G_h \perp$ 晶面族 $\{h_1 h_2 h_3\}$。

（5）倒格矢 $G_h = h_1 b_1 + h_2 b_2 + h_3 b_3$ 的模与晶面族 $\{h_1 h_2 h_3\}$ 的面间距成反比，即

$$|G_h| = \frac{2\pi}{d_{h_1 h_2 h_3}} \tag{1.11}$$

这个定理的证明可以在第（4）个性质的基础上进一步讨论，既然倒格矢 G_h 垂直于晶面族 $\{h_1 h_2 h_3\}$，那么 $\frac{G_h}{|G_h|}$ 就表示 $\{h_1 h_2 h_3\}$ 晶面族法向的单位矢量。而该晶面族的面间距 $d_{h_1 h_2 h_3}$ 必然等于原点 O 到最近邻的晶面 ABC 的距离，或者说 OA 矢量在法向的投影，于是便有

$$d_{h_1 h_2 h_3} = \frac{a_1}{h_1} \cdot \frac{G_h}{|G_h|} = \frac{2\pi}{|G_h|}$$

可见，晶体中任一族晶面都可以用一个确定的倒格矢来同时描述它的法向和面间距，并且这一性质也再次体现了正倒格子之间一一对应，且为点面对应的关系。

☞ 1.4.2　布里渊区

如果以倒格子中任意倒格点为原点，作所有倒格矢的中垂面，那么这些面就会将倒空间分割为许多区域，其中围绕原点的最小封闭区域被称为第一布里渊区，也叫简约布里渊区。第一布里渊区以外的若干不相连的小区域分别合并构成第二、第三……布里渊区。图 1.42 给出了二维的简立方倒格子中的第一、第二、第三布里渊区，容易证明，各布里渊区的体积相同，都等于倒格子初基元胞的体积 Ω^*。

从布里渊区的定义中不难看出，晶体的第一布里渊区就是其倒格子中的魏格纳-赛兹元胞。既然布拉菲格子与倒格子是一一对应的，那么不同的晶体

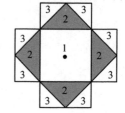

图 1.42　二维简立方倒格子中的布里渊区

结构可以具有相同的布拉菲格子，也就必然具有相同的倒格子，而如果不同晶体结构对应的倒格子不同，那么其第一布里渊区的形状也就不同。比如，SC 结构的倒格子仍是 SC，其第一 B.Z. 就是由原点（也叫布里渊区中心）和 6 个最近邻倒格点连线的中垂面所围成的一个立方体，其棱边长度为 $\frac{2\pi}{a}$（a 为晶格常数）。BCC 的倒格子为 FCC，其第一 B.Z. 为原点和 12 个最近邻倒格点连线的中垂面所围成的正十二面体，如图 1.43 所示。FCC 的倒格子为 BCC，原点和 8 个最近邻格点的中垂面形成一个正八面体，而原点与 6 个次近邻格点的中垂面切掉了八面体的六个角，形成如图 1.44 所示的正十四面体（也叫截角八面体），14 个面中 8 个面为正六边形，6 个面为正方形。图中标出了布里渊区中所惯用的对称点和对称轴的符号，比如，布里渊区中心（即原点）记为 Γ，坐标为 $\Gamma:[(0,0,0)]$；六边形的中心记为 L，坐标为 $L:\left[\left(\frac{\pi}{a},\frac{\pi}{a},\frac{\pi}{a}\right)\right]$；正方形的中心记为 $X:\left[\left(\frac{2\pi}{a},0,0\right)\right]$；$\Gamma X$ 轴记为 Δ 轴（实际上表示 (100) 晶向）；ΓL 轴记为 Λ 轴（实际上表示 (111) 晶向）。图 1.45 给出了六方密堆积结构第一布里渊区的形状及其主要对称点的标志。

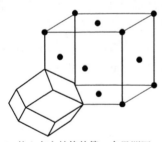
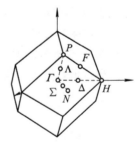

(a) 体心立方结构的第一布里渊区　　　　(b) BCC第一布里渊区中的对称点及其标志

图 1.43　体心立方结构的第一布里渊区

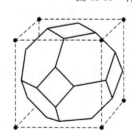
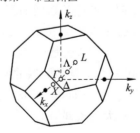

(a) 面心立方结构的第一布里渊区　　　　(b) FCC第一布里渊区中的对称点及其标志

图 1.44　面心立方结构的第一布里渊区

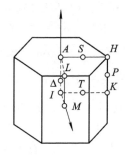

图 1.45　六方密堆积结构的第一布里渊区及其对称点的标志

1.5　晶体结构的测定

　　既然晶体的宏观性质是由晶体的微观结构决定的,那么,如何确定一个实际晶体中原子的分布情况,就是结晶学理论中的一个重要研究内容。对于波长与晶体中原子间距在同一个数量级的 X 射线而言,晶格可以看做是入射 X 射线的三维光栅,通过对衍射图样的分析就可以确定晶体中原子的分布,这正是通过 X 射线衍射测量晶体结构的基本依据,在此基础上,结晶学理论真正得到了实验上的验证,并进而取得了突破性的发展。近年来发展起来的电子衍射和中子衍射则是对 X 射线衍射的有力补充。关于 X 射线衍射测量晶体结构的具体理论和方法,在一些专门的书籍中进行了详细的讨论,这里只对其中的一些基本原理和主要结论作简单的介绍。

☞ 1.5.1　布拉格定律与劳厄方程

　　按照晶面的概念,晶体由一系列平行的晶面族构成,当一束 X 射线入射到某一晶面族上时,尽管 X 射线的穿透性很强,但每一层晶面仍会对其产生少量的反射,当该晶面族各层晶面的反射波在某方向上的相位相同时,便会产生一个加强的反射光束,这就是衍射线的方向。

　　如图 1.46 所示,设晶面族的面间距为 d,X 光的入射角为 θ,则相邻晶面反射波的波程差为 $2d\sin\theta$,当波程差是入射光波长 λ 的整数倍时,反射光互相加强,即衍射极大的条件为

$$2d\sin\theta = n\lambda \tag{1.12}$$

这就是布拉格反射定律,其中 n 取正整数,称为衍射级数。

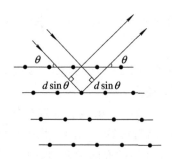

图 1.46 布拉格反射示意图

布拉格定律表明,对于给定波长和入射角的光束,只有极少数入射角和面间距严格满足布拉格定律的晶面族,才会产生衍射极,并观测到衍射线,而其他大多数晶面族中各晶面的反射波由于相位不同而相互抵消。从式(1.12)中还可以看到,$\dfrac{n\lambda}{2d}\leqslant 1$,当 n 取 1 时,$\lambda\leqslant 2d$,可见,只有采用波长与晶格常数相当的入射光源,才能在晶体中观察到布拉格反射现象,这是采用光学法测量晶体结构的基本要求。

劳厄则认为,晶体对 X 射线的衍射是由于晶体中所有原子对 X 射线产生了散射,当所有原子的散射波在某个方向上相位相同时,便产生了最大的衍射。如图 1.47 所示,取原子 O 为原点,晶体中的任意原子 A 可用一个正格矢 $\boldsymbol{R}_n=n_1\boldsymbol{a}_1+n_2\boldsymbol{a}_2+n_3\boldsymbol{a}_3$($n_1$、$n_2$、$n_3$ 取零或正负整数)表示,设 $\boldsymbol{S}_0$ 和 $\boldsymbol{S}$ 分别为入射波和反射波方向的单位矢量,则 X 射线经 O、A 两原子后的波程差必须等于波长的整数倍才能满足衍射极大的条件,即

$$\boldsymbol{R}_n(\boldsymbol{S}-\boldsymbol{S}_0)=n\lambda, \qquad n \text{ 为整数} \qquad (1.13)$$

这就是正空间的劳厄方程。

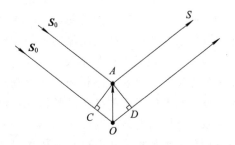

图 1.47 劳厄方程推导示意图

根据 1.4 节的内容,倒空间与倒格子既可以描述晶体的结构,也可以描述晶体中波的运动。因此衍射极大条件在倒空间的表示将具有更加明确的意义。

假设入射与散射的 X 射线的波矢分别为 $\boldsymbol{k}_0 = \dfrac{2\pi}{\lambda}\boldsymbol{S}_0$，$\boldsymbol{k} = \dfrac{2\pi}{\lambda}\boldsymbol{S}$，于是式（1.13）可改写为

$$\boldsymbol{R}_n \cdot (\boldsymbol{k} - \boldsymbol{k}_0) = 2\pi l, \qquad l \text{ 取整数} \qquad (1.14)$$

根据正倒格矢之间的关系，便有

$$\boldsymbol{k} - \boldsymbol{k}_0 = n\boldsymbol{G}_h, \qquad n \text{ 取整数} \qquad (1.15)$$

这就是倒空间的劳厄方程，其对应倒空间的矢量关系如图 1.48 所示。由于倒格矢的大小与其垂直方向上晶面族的面间距之间具有确定的关系，因此劳厄方程实际上与布拉格反射定律是完全一致的。

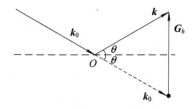

图 1.48　劳厄方程在倒空间的矢量关系

☞ 1.5.2　晶体衍射的方法

晶体衍射的方法有以下几种：

（1）劳厄法。用波长连续变化的 X 射线照射固定不动的单晶材料时，将会在单晶后面垂直放置的底片上产生很多衍射斑点。如果入射 X 射线正好沿着单晶的某个晶轴方向，则衍射斑点将会反映晶体在该轴向上所特有的对称性，因此劳厄法主要用来测定晶体的取向及其对称性。

（2）转动单晶法。采用确定波长的单色 X 射线照射转动的晶体材料时，当转轴与晶体的某个轴向一致时，将产生极大衍射，并在圆筒形底片上形成特定的衍射条纹，通过这些衍射条纹就可以确定晶体的晶格常数等参数。因此这一方法特别适宜于确定晶体的元胞以及对应的基矢。

（3）粉末法。采用单色 X 射线照射多晶材料或单晶粉体材料时，由于样品中各个小单晶的取向不同，效果相当于单晶转动的情况，因而也会在圆筒形底片上形成特定的衍射条纹，根据衍射条纹的位置（入射角）和入射波长，由布拉格公式就可求出对应晶面族的面间距，从而确定晶体的晶格常数等参数。由于粉末法的样品制备非常容易，而且衍射条纹又能提供材料的多种信息，因此该方法在目前的晶体测量中应用非常广泛。

☞ **1.5.3 原子散射因子与几何结构因子**

通过 1.5.2 节所述方法确定了不同晶体材料的衍射斑点或条纹以后，根据它们的位置就可以确定对应晶体的晶格常数、元胞、基矢以及晶体的对称性等。而晶体中原子的种类以及原子分布（晶体结构）则必须由衍射线的相对强度来确定。也就是说，不同种类的原子，或者原子在元胞中的不同分布，都会对 X 射线具有不同的散射能力，进而使各个衍射线的强度不同。这些影响可以分别用原子散射因子和几何结构因子来描述。

1. 原子散射因子 f

原子对 X 射线的散射与原子中所有电子对 X 射线的散射有关，由于原子的尺度与 X 射线的波长具有相同的数量级，所以原子内各部分电子云对 X 射线的散射波之间就会存在相位差，进而产生相互干涉，干涉的结果便会导致各方向上的衍射强度不同。原子散射因子 f 定义为原子内所有电子的散射波振幅的总和与一个电子的散射波振幅之比。由于不同种类的原子中所包含的原子数目以及电子分布不同，因此原子散射因子不同，而且同一原子沿不同方向的散射因子也不同。可见，原子散射因子可以作为不同原子的特征参数。

2. 几何结构因子 F

几何结构因子 F 是晶体元胞内所有原子的散射波在所考虑的方向上的振幅之和与一个电子的散射波振幅的比值。显然，它不仅与原子的散射因子有关，而且还与元胞内原子的分布（晶体结构）以及所考虑的方向有关，不同的晶体结构有可能沿着某些特定的方向使散射波之间完全抵消而不出现衍射线，当然也会在某些特定方向上出现衍射极大，因此这也是确定晶体结构的一个依据。

1.6 原子负电性与化学键

前面几节主要介绍了晶体结构的特点，得出的一个基本结论就是晶体的宏观性质是由其微观结构决定的。那么，从这一节开始，我们将要回答下面一个更深层次的问题，即原子结合成晶体时，为什么会形成不同的晶体结构？我们说，这是由原子本身的属性（包括原子半径和负电性）以及原子之间结合力（化学键）的不同所导致的。下面逐步展开讨论。

☞ **1.6.1 原子负电性**

从原子物理中我们已经了解到，衡量原子对核外电子束缚能力大小的物理量有两个，即电离能和亲和能。电离能是指中性原子失去一个价电子所需要的能量，也叫做第一电离能，在此基础上再失去一个价电子所需的能量则称为第二电离能，等等。亲和能则是指中性原子获得一个电子形成负离子所释放的能量。我们可以在这两个概念的基础上定义原子的负电性(用 X 表示)为：

$$负电性 = 0.18(电离能 + 亲和能)$$

其中的系数 0.18 可以理解为归一化因子，只是为了使金属 Li 的负电性等于 1，并没有实际上的意义。原子负电性大意味着要么它的电离能大，要么它的亲和能大。电离能大表示电子不易摆脱原子的束缚，而亲和能大则表示该原子具有较大的潜力获取电子。由此可见，负电性实际上反映了中性原子得失电子的难易程度，当负电性不同的原子相互结合时，价电子总是会向负电性大的原子转移，并由此而形成不同的结合力(即化学键)。表 1.3 列出了目前实验确定的一些原子负电性的数值，

表 1.3　原子负电性表

ⅠA		ⅡA		ⅢB		ⅣB		ⅤB		ⅥB		ⅦB	
Li	1.00	Be	1.57	B	2.04	C	2.55	N	3.00	O	3.44	F	3.98
Na	0.93	Mg	1.31	Al	1.61	Si	1.90	P	2.10	S	2.58	Cl	3.16
K	0.82	Ca	1.00	Ga	1.81	Ge	2.01	As	2.00	Se	2.55	Br	2.96
Rb	0.82	Sr	0.95	In	1.78	Sn	1.96	Sb	1.90	Te	2.10	I	2.66
Cs	0.79	Ba	0.89			Pb	2.33						

☞ 1.6.2　金属键和金属晶体

从表 1.3 所列的原子负电性表中可以看到，Ⅰ、Ⅱ、Ⅲ族元素都具有较低的负电性，原子对价电子的束缚能力较弱，当大量同种原子相互靠近形成晶体时，原子间的相互作用会使得价电子摆脱原子的束缚而在整个晶体中自由运动，称为电子的共有化运动，电子波函数可以遍及整个晶体，这时，失去了价电子的带正电的原子实(所带电荷并不是单位电荷的整数倍，否则就称为正离子)相当于镶嵌在大量自由运动的价电子形成的电子气中，如图 1.49 所示。我们就把这种依靠带正电的原子实和带负电的电子气之间的库仑引力所形成的结合力称为金属键，而依靠金属键结合而成的晶体称为金属晶体。

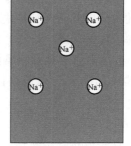

图 1.49　金属性结合示意图

从金属键和金属晶体的形成过程中我们就可以看出它们的特点：

（1）形成金属键的原子的负电性都比较小。

（2）价电子不再被哪一个或哪几个原子所拥有，而是被所有原子共有。

（3）由于金属键对原子排列的具体方式并没有特殊的要求，因此金属晶体会尽可能地形成密堆积结构，这样的话，体积越小，原子堆积越紧密，原子结合成晶体所需要的能量（晶体结合能）就越低。由于同样的原因，金属晶体还具有一定的延展性，即金属可以任意改变形状。

（4）由于金属晶体中具有自由运动的价电子，金属晶体一般具有良好的导电性和一定的金属光泽。

（5）由于金属键的特点，不同原子通过金属键形成合金时会与一般的化合物不同，其中所包含不同元素的比例并没有严格的限制，而是可以有一定的变化范围，甚至可以按任意比例形成合金。

☞ 1.6.3　离子键和离子晶体

原子负电性表中左端和右端元素之间的负电性差通常比较大，它们之间结合时往往出现价电子完全转移的情况。以 NaCl 晶体为例，当 Na 原子与 Cl 原子相结合时，原子间的相互作用使得 Na 原子失去最外层的价电子，成为带一个单位正电荷的正离子 Na^+，这是一个最外层为 8 个电子的类似于惰性元素的稳定结构。而 Cl 原子则会俘获这个价电子成为带一个单位负电荷的负离子 Cl^-，同样也是一个最外层具有 8 个电子的类似于惰性元素的稳定结构。于是大量带正电的 Na^+ 和带负电的 Cl^- 通过静电引力相结合而形成 NaCl 晶体。

我们就把这种依靠正负离子间静电引力而形成的结合力称为离子键，依靠离子键结合成的晶体称为离子晶体。根据上面晶体的形成过程，离子键和离子晶体显然具有如下特点：

（1）形成离子键的原子间负电性差较大。

（2）价电子完全从负电性小的原子转移到负电性大的原子上。

（3）任何一个离子周围最近邻的必然是带相反电荷的离子。

（4）由于价电子的完全转移，晶体中没有自由运动的电子，因此，纯净而结晶质量良好的离子晶体都是绝缘体。

（5）由于离子键的特点，离子晶体中沿某些晶向正负电荷的中心将不再重合，因而离子晶体通常具有一定的极性，对应的晶向称为晶体的极性轴。

原子结合成晶体时所释放的能量称为晶体结合能，用 W 表示。如果原子结合时需要吸收能量，那么形成的晶体显然是不稳定的，容易分解。下面根据离子晶体的形成过程，通过简单的静电相互作用来半定量地求解晶体结合能。

假设有一对离子 M^{Z+} 和 M^{Z-}，它们之间的距离为 r，根据库仑定律，它们之间的静电作用能为

$$E_{引} = -\frac{ZZe^2}{r}$$

式中，Z 为正负离子的电荷数，负号表示引力是沿着 r 轴相反的方向。如图 1.50 所示，当两离子靠近时它们之间吸引能的绝对值会增加，而当离子靠近到一定程度时，出现了电子云的排斥作用，随着距离的靠近，这种排斥能会剧增，玻恩给出了这种排斥能的一个经验表达式：

$$E_{斥} = \frac{B}{r^n}$$

式中，B 为比例系数，n 称为玻恩排斥系数，它反映了离子之间抗压缩的能力，其大小与离子的电子构型有关，较大的离子其电子密度较大，因此 n 值也较大。当离子构型相当于惰性元素 He、Ne、Ar、Kr、Xe 时，离子排斥系数 n 分别取 5、7、9、10、12。如果正负离子属于不同的构型，那么 n 取对应正负离子 n 值的平均值，比如 NaCl 的 n 值取 $n=(7+9)/2=8$。

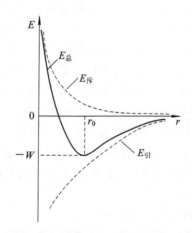

图 1.50　正负离子间的相互作用能

　　一对正负离子的总的相互作用能与离子间距离的关系为

$$E_{总} = E_{引} + E_{斥} = -\frac{ZZe^2}{r} + \frac{B}{r^n}$$

在平衡位置 $r=r_0$ 时，$E_{总}$ 取极值，上式对 r 的一阶导数等于 0，即

$$\frac{ZZe^2}{r_0^2} - \frac{nB}{r_0^{n+1}} = 0$$

可求得

$$B = \frac{ZZ\,e^2\,r_0^{n-1}}{n}$$

所以

$$E_{总} = -\frac{ZZ\,e^2}{r_0} + \frac{ZZ\,e^2}{r_0 n} = -\frac{ZZ\,e^2}{r_0}\left(1 - \frac{1}{n}\right) \tag{1.16}$$

式(1.16)被称为玻恩-兰德方程,对应一对正负离子的内能,而整个晶体的内能为 $U = \Sigma E$。

以 NaCl 晶体为例,设晶格常数为 a,可求得 $r_0 = a/2$,从 NaCl 的晶胞中能够看出,从体心的 Na^+ 出发,最近邻的是 6 个距离为 r_0 的 Cl^-,次近邻的是 12 个距离为 $\sqrt{2}\,r_0$ 的 Na^+,三级近邻的是 8 个距离为 $\sqrt{3}\,r_0$ 的 Cl^-,接下来是 6 个 $2r_0$ 的 Na^+,24 个 $\sqrt{5}\,r_0$ 的 Cl^-,… 于是根据玻恩-兰德方程就可以求出 1mol NaCl 晶体中所有离子对的相互作用能,进而得到晶体的内能,即

$$U = \Sigma E = N_0 ZZ\,e^2\left(1 - \frac{1}{n}\right)\left(\frac{6}{r_0} - \frac{12}{\sqrt{2}\,r_0} + \frac{8}{\sqrt{3}\,r_0} - \frac{6}{2r_0} + \frac{24}{\sqrt{5}\,r_0} - \cdots\right)$$

$$= \frac{AN_0 ZZ\,e^2}{r_0}\left(1 - \frac{1}{n}\right)$$

式中,N_0 为阿伏加德罗常数,无穷收敛级数

$$A = \left(\frac{6}{1} - \frac{12}{\sqrt{2}} + \frac{8}{\sqrt{3}} - \frac{6}{2} + \frac{24}{\sqrt{5}} - \cdots\right)$$

称为马德隆(Madelung)常数,它是一个仅由晶体的结构形式确定,而与离子半径和电荷无关的无量纲的结构常数。

可见,确定了晶体的结构以及离子间的距离以后,就可以通过玻恩-兰德方程求得晶体的结合能。仍以 NaCl 晶体为例,由于 $Z = 1$,$N_0 = 6.022 \times 10^{23}/mol$,$A = 1.7476$,$e = 1.602 \times 10^{-19}$ C,$r_0 = 2.8197 \times 10^{-8}$ cm,$n = 8$,于是 NaCl 晶体的结合能 $W = 180.1$ Kcal/mol(1 cal $= 4.18$ J)。

自然界中除了碱金属的卤化物以外,大量的氧化物、氮化物、碳化物以及其他卤化物也都是以离子键结合的晶体而存在的。离子晶体中的堆积(排列)方式取决于离子具有的电荷数以及离子的半径,为保持整个晶体的电中性,就决定了构成晶体的正离子和负离子的相对数量;离子的堆积形式决定于较小的正离子半径 r_C 与较大的负离子半径 r_A 之比,即 r_C/r_A,每个正离子倾向于由尽可能多的负离子包围它,限制的条件是:负离子之间既不重叠,但又都与中心的正离子相接触。于是,对离子晶体的内部结构可以作如下设想:负离子有规律地在三维空间形成紧密堆积,正离子则有规律地分布在负离子堆积体的空隙中。

以一个正离子为中心，周围配置着最近邻的数个负离子，将这些配位的负离子的中心连接起来，构成一个多面体，称为负离子配位多面体。配位多面体的形状取决于负离子的数量多少，或为正四面体，或为正八面体，或为其他形状。配置于正离子周围的负离子数（即正离子配位数）又为正负离子半径比 r_C/r_A 所决定，所以，正负离子半径比、正离子配位数和配位多面体的形状三者之间是相互关联的，其关系列于表 1.4，而负离子配位多面体的形状如图 1.51 所示。

表 1.4　正负离子半径比、正离子配位数、配位多面体形状之间的关系

r_C/r_A	正离子配位数	配位多面体形状	晶体实例
$0\sim0.155$	2	亚铃型（线形）	CO_2
$0.155\sim0.225$	3	三角形	B_2O_3
$0.225\sim0.414$	4	四面体	SiO_2
$0.414\sim0.732$	6	八面体	TiO_2
$0.732\sim1.0$	8	立方体	$CsCl$
>1.0	12	立方八面体	K_2PtCl_6

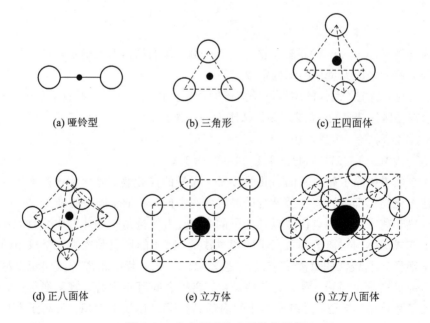

(a) 哑铃型　　　　　　(b) 三角形　　　　　　(c) 正四面体

(d) 正八面体　　　　　　(e) 立方体　　　　　　(f) 立方八面体

图 1.51　负离子配位多面体的形状

在对晶体结构进行长期鉴定的基础上,泡林提出了五项规则,这些规则对于复杂离子晶体结构的分析和理解具有非常重要的实际意义。

(1)泡林第一规则:围绕每一个正离子,负离子的排列是占据一个多面体的各顶角位置;正负离子的间距等于其离子半径的总合;正离子配位数决定于正负离子半径的比值 r_C/r_A。

(2)泡林第二规则:也称静电价规则,处于最稳定状态的离子晶体,其晶体结构中的每一个负离子所具有的电荷,恰恰被所有最近邻正离子联系于该负离子的静电价键所抵消。一个正离子贡献给它周围负离子配位体重一个负离子的静电键强 EBS(在忽略键长等其他因素的影响时)可用 $EBS=Z/CN$ 表示,其中 Z 为正离子电价,CN 为正离子配位数。

(3)泡林第三规则:也称为负离子配位多面体的共棱和共面规则,共棱数越大,尤其是共面数越大,则离子堆积越不稳定,即负离子配位多面体尽可能作共角连接。

(4)泡林第四规则:高电价和低配位数的正离子,具有尽可能远离的趋向;含有此类中心正离子的配位多面体尽可能彼此互不连接。这一条通常与第三规则相联系,体现的是正离子之间的排斥作用。

(5)泡林第五规则:又称节约规则,所有相同的离子,在可能范围内,它们和周围的配位关系往往是相同的。换句话说,在同一晶体中,本质上不同组成的构造亚单元的数目趋向于最低值。

通过上述五项规则,我们可以对一些典型的离子晶体的结构进行分析。

根据离子晶体中正负离子的不同以及所含正离子种类的多少,离子晶体可以具有 A_mX_n 型、AB_mX_n 型以及其他更复杂的结构形式,其中 A、B 表示正离子,X 为负离子,m、n 分别对应分子式中正负离子的个数。以 NaCl 晶体为例,NaCl 属于 AX 型,Na 和 Cl 的原子负电性分别为 0.93 和 3.16,两者负电性差达 2.23,因而 Na 和 Cl 之间形成离子键。Na^+ 和 Cl^- 的离子半径分别为 0.98Å 和 1.81Å,$r_{Na^+}/r_{Cl^-}=0.54$,根据泡林第一、三、四规则,Na 和 Cl 会形成八面体共棱连接。由于 $CN_{Na}=6$,Na^+ 贡献给周围每个 Cl^- 的电价为 1/6,从泡林第二规则可知,为了电价平衡,Cl^- 的周围必须有 6 个 Na^+,即 $CN_{Cl}=6$。于是 Na 和 Cl 之间必然形成如图 1.52 所示的结构。

再比如 CsCl 结构,原子负电性 $X_{Cs}=0.79$,$X_{Cl}=3.16$,离子半径 $r_{Cs^+}=1.69$Å,$r_{Cl^-}=1.81$Å,$r_{Cs^+}/r_{Cl^-}=0.933$,根据泡林第一、三、四规则,Cs 和 Cl 配位多面体为立方体,且共面连接,$CN_{Cs}=8$,根据泡林第二规则可知,$CN_{Cl}=8$,因此 CsCl 晶体必然具有如图 1.53 所示的结构。

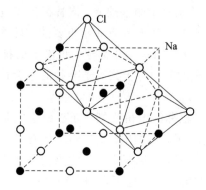

图 1.52　NaCl 结构中负离子配位八面体的共棱连接

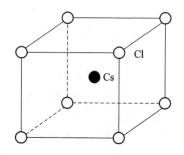

图 1.53　CsCl 的晶体结构

☞ 1.6.4　共价键和共价晶体

从上面的分析中不难想到，负电性比较大的原子不易失去价电子，反而容易获得电子，那么当同种原子相结合时，不存在负电性差，因而也就不存在价电子的转移情况，这时原子间将不再以金属键或离子键相结合。随着原子间相互靠近，互作用的增强，使得两个原子会各自提供一个价电子，自旋相反配对，这时电子云在空间的交叠具有较高的密度，于是，带正电的原子实和集中在原子之间的带负电的电子云相互吸引，从而使两个原子相结合，我们就把这种依靠自旋相反配对的价电子所形成的原子间的结合力称为共价键。显然，原子所能形成共价键的数目等于其最外层的价电子数，即服从 8−N 原则，比如，元素周期表中第Ⅳ、Ⅴ、Ⅵ、Ⅶ族的原子所能形成的共价键的数目分别为 4、3、2、1。这时，每个原子都会形成最外层具有 8 个电子的相对稳定的壳层结构。

然而，大量原子通过共价键结合，进而形成晶体时的情况却是不同的，比如，Ⅶ族元素的原子只能形成一个共价键，因此它们依靠共价键只能形成一个个的双原子分子，通常条件下不能形成晶体，而只有在一定的低温条件下，依靠分子间的范德瓦耳斯作用(分子键)才能结合成晶体。Ⅵ族原子只能形成两个共价键,因此依靠共价键只能把原子连接成为一个链结构,如图 1.54 给出了硒(Se)和碲(Te)的以长链结构为基础的晶格,原子依靠共价键形成螺旋状的长链,长链平行排列并依靠范德瓦耳斯键结合成三维晶体。硫(S)和硒(Se)还可以形成环状分子,再依靠范德瓦耳斯键结合成晶体,如图 1.55 所示。

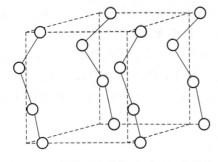
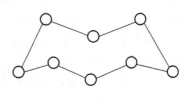

图 1.54　Ⅵ族元素晶体 Se 和 Te 的结构　　　　图 1.55　Se₈ 的环状分子结构

　　Ⅴ族元素原子只能形成三个共价键,但仅仅依靠这三个共价键仍然不能构成三维结构。比如砷(As)、锑(Sb)、铋(Bi)等原子,首先通过共价键形成如图 1.56 所示的双层状结构,每层中的原子均通过三个共价键分别与另一层中的三个原子结合,然后这种层状结构再堆叠起来通过微弱的范德瓦耳斯键结合成晶体。N 和 P 则通常形成共价结合的气体分子,低温时可以通过范德瓦耳斯键结合成晶体。

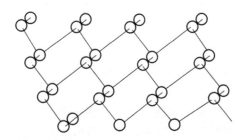

图 1.56　Ⅴ族元素 As、Sb、Bi 等的层状结构

　　Ⅳ族元素 C、Si、Ge、Sn、Pb 最为特殊,按照原子负电性由强到弱,原子间的结合由强的共价键逐渐过渡到金属键,所形成的晶体按照导电能力则从绝缘体(金刚石)经半导体(硅、锗)过渡到金属(白锡、铅)。以金刚石晶体为例,C 原子的核外电子构型为 $1s^2 2s^2 2p^2$,当 C 原子相互靠近时,原子间相互作用增强,使得 $2s$ 轨道上配对的电子获得能量而激发一个电子到 $2p$ 轨道上,从而形成 4 个未配对的电子,并且能量均分。也就是说,这四个电子的波函数不再是

原来 C 原子中 $2s$ 电子的球型对称分布，也不再是 $2p$ 电子的亚铃型对称分布，而是它们的线性组合态，即

$$\psi_i = a_i\psi_s + b_i\psi_{px} + c_i\psi_{py} + d_i\psi_{pz}, \quad i = 1 \sim 4 \tag{1.17}$$

式中的系数 a_i、b_i、c_i、$d_i(i=1\sim4)$ 可以根据能量最低原理加以确定。这样的电子波函数称为 sp^3 杂化波函数，其方向在三维空间呈对称分布，即正好沿着如图 1.57 所示的正四面体的四个顶角方向。于是每个 C 原子可以与周围四个 C 原子形成 4 个共价键，局部构成正四面体（共价四面体）结构，大量共价四面体共角连接形成金刚石晶体，我们把这种依靠共价键形成的晶体称为共价晶体。在金刚石晶体的形成过程中，尽管进行 sp^3 轨道杂化时需要吸收一定的能量，但是经过杂化以后，成键的数目增多了，而且由于电子云更加密集在四面体的顶角方向，使得成键能力更强了，因而形成共价键时能量的下降足以补偿轨道杂化所需的能量。这就是 sp^3 杂化轨道理论。

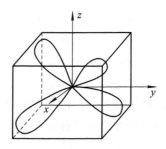

图 1.57　碳原子的 sp^3 杂化轨道

从上面共价键的定义及共价晶体的形成可以总结出共价键和共价晶体具有以下特点：

（1）形成共价键的原子的负电性一般比较大，不易失去价电子反而容易获得电子。

（2）共价键上的两个价电子被两个原子所共有。

（3）共价键具有饱和性，即每种原子能够形成共价键的数目是确定的，遵循 $8-N$ 原则。

（4）共价键的方向性，即每种原子只能在特定的方向上形成共价键（或者说共价键之间的夹角是固定的），比如金刚石结构中共价键的夹角为 $109.47°$。

（5）共价晶体中没有自由运动的电子，因而共价晶体一般为绝缘体（半导体的导电特性后面章节会作介绍）。

（6）由于共价键的饱和性和方向性，共价晶体通常不易变形，即比较硬或比较脆，比如金刚石晶体是自然界中最硬的材料。

根据杂化轨道理论，C 原子的 2s 和 2p 轨道还可以进行 sp^2 杂化，即一个 2s 轨道和两个 2p 轨道杂化，形成三个简并的 sp^2 杂化轨道，每个 sp^2 杂化轨道含有 1/3 的 s 轨道成分，2/3 的 p 轨道成分，其能量高于 2s 轨道，低于 2p 轨道。由于电子间的相互排斥作用，3 个 sp^2 杂化轨道处于相互远离的方向，即分别伸向平面三角形的 3 个顶点，因此轨道间夹角为 120°，处于同一个平面上。这样的 C 原子可以在平面内与三个相同的 C 原子以共价键结合成二维蜂窝状结构。余下一个 2p_z 轨道的电子则可以在 sp^2 杂化轨道平面内自由运动，形成层内的金属键，而层与层之间则依靠更弱的范德瓦尔斯键（分子键）结合成如图 1.58 所示的层状结构的石墨晶体。当然，碳原子也还可以进行 sp 杂化，即由 1 个 2s 轨道与 1 个 2p 轨道杂化形成 2 个 sp 杂化轨道。每个 sp 杂化轨道含有 1/2 的 s 轨道成分，1/2 的 p 轨道成分，其能量高于 2s 轨道，低于 2p 轨道。由于电子间的相互排斥作用，这两个轨道处于相互远离的方向，即轨道间夹角为 180°，处于同一直线上。余下两个 2p_y、2p_z 轨道与两个 sp 杂化轨道所在的直线相互垂直。乙炔分子中两个碳原子之间就是以 sp-sp 杂化轨道形成一个 σ 键而结合的。这方面的内容不再作进一步的阐述，有兴趣的话可以参考相关书籍。

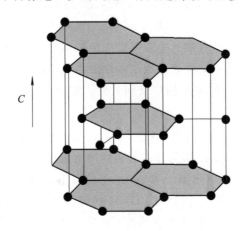

图 1.58　石墨晶体的层状结构

☞ 1.6.5　混合键和混合晶体

　　自然界中还存在这样一类 AB 型化合物晶体，如砷化镓（GaAs）、磷化铟（InP）、锑化铟（InSb）等，它们由负电性不同的原子组成，由于这些晶体中原子负电性的差别并不是很大，因此构成晶体时仍以共价键为主，形成了一种类似于金刚石结构的闪锌矿结构。但是原子间负电性毕竟有所差异，这就使得原子间在形成共价键时的共用电子对会向负电性大的原子有所偏移，因而这种共价键中必然含有一定离子键的成分，我们就把这种化学键称为混合键，有些书中则把它称为含有一定离子键成分的共价键，把这样的晶体称为混合晶体。

以 GaAs 为例，Ga 有三个价电子，As 有五个价电子，组成晶体时每种原子分别与周围四个异类原子形成四个共价键（其中一对共用电子完全由 As 原子提供），构成一个共价四面体。由于原子负电性 $X_{As}=2.00$ 比 $X_{Ga}=1.81$ 大，因此共价键上的共用电子对会向 As 原子有所偏移，于是 GaAs 晶体中 Ga 原子周围会带有一定的正电荷，而 As 原子周围会带有等量负电荷，因此，GaAs 是带有一定离子键成分的共价晶体。

1. 电离度

为了描述共价键中离子键的成分，通常引入电离度(Ionicity)的概念，用 f_i 表示。历史上卡尔森(Coulson)、泡令(Pauling)和菲利浦等人分别从不同角度定义了电离度的表达式，其中泡令根据原子负电性给出的电离度的表达式为

$$f_i = 1 - \exp\left[-\frac{(X_A - X_B)^2}{4}\right] \qquad (1.18)$$

显然，当原子间负电性差异很大时，$f_i \rightarrow 1$，原子间更容易形成完全的离子键；原子间负电性差很小时，$f_i \rightarrow 0$，原子间趋向于形成完全的共价键。晶体的很多性质，包括晶体结构、结合能、能带模型中的参数等，都会随电离度的变化而变化。大量统计结果表明，随着电离度的增加，AB 型化合物的晶体结构会从 4 配位的闪锌矿结构或纤锌矿结构过渡到 6 配位的 NaCl 结构。

2. GaAs 晶体的极性

尽管闪锌矿结构与金刚石结构很类似，但是由于 GaAs 晶体中原子负电性的不同，却导致了闪锌矿结构晶体的宏观性质上出现了以下新的特点：

(1) GaAs 晶体是由 Ga 原子和 As 原子各自组成的 FCC 沿 ⟨111⟩ 晶向 1/4 套构而成的，因此，如图 1.59 所示，GaAs 晶体沿 ⟨111⟩ 晶向由 Ga 原子层和 As 原子层交替组成，负电性的差异会导致 Ga 原子面和 As 原子上出现等量的异种电荷，即 GaAs 晶体在 ⟨111⟩ 晶向上的正负电荷的中心是不重合的，因此把 ⟨111⟩ 晶向称为 GaAs 晶体的极性轴。⟨111⟩ 晶向上 Ga 原子层和 As 原子层之间产生附加的静电引力会降低 GaAs 晶体在 (111) 双层原子面之间的解理性。研究表明 GaAs 晶体的解理面变成了 (110) 面，当然，其 (111) 面也具有微弱的解理性。

(2) 同样由于上面的原因，GaAs 晶体中 Ga 原子和 As 原子的化学活泼性是不同的，宏观上的表现就是 GaAs 晶体沿 ⟨111⟩ 晶向和 ⟨$\bar{1}\bar{1}\bar{1}$⟩ 晶向的化学腐蚀速度有所不同，因此实际中通常用 Ga(111) 面和 As($\bar{1}\bar{1}\bar{1}$) 面以示区别。

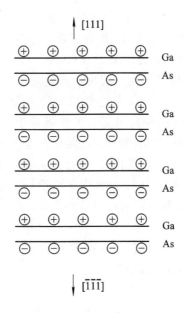

图 1.59　GaAs 晶体〈111〉晶向的极性

☞ 1.6.6　弱键和弱键晶体

常温常压下的气体和液体，在低温或高压下也可以凝结成晶体，比如 CO_2、冰（H_2O）、以及大多数的有机化合物晶体等。因此这些晶体中必然存在某些比前面提到的金属键、离子键、共价键更弱的结合力，称之为弱键，主要包括分子键（范德瓦耳斯力）和氢键。弱键中不存在明显的价电子转移的情况，而主要是依靠电偶极矩之间的相互吸引实现原子间的结合。

（1）原子晶体：惰性元素 Ne、Ar、Kr、Xe 等的原子，均是最外层具有 8 个电子的稳定结构，原子本身不存在正负电荷偏离的情况，但是由于原子核外电子的运动，电荷分布会产生瞬时偶极矩，并在周围的原子中感应出偶极矩，低温时这些偶极矩之间相互吸引，从而将原子结合成晶体。

（2）非极性分子晶体：如 N_2、O_2、Cl_2 等分子中的原子之间由很强的共价键结合，对外也不显示极性，为非极性分子，这些分子之间也是依靠瞬时偶极矩和感应偶极矩间的相互吸引而结合成晶体。

（3）极性分子晶体：更多的化合物分子，如 NO、NH_3、H_2O 等，由于原子负电性不同，分子中正负电荷并不重合，因而产生固有的电偶极矩，这些分子被称为极性分子，极性分子的电偶极矩的电场会对周围其他电偶极矩的取向产生影响，并通过电偶极矩间的相互吸引而结合成极性分子晶体。

(4) 氢键晶体：在表 1.3 所给出的原子负电性表中，并没有列出氢原子，是因为它非常特殊，尽管它也属于 IA 族元素，但它的负电性($X_H = 2.2$)却比其他 IA 族元素大得多，基本接近于 C 原子($X_C = 2.55$)。因此，氢原子与其他原子结合时既不容易失去价电子也不容易获得价电子，因而通常以共价键结合，而不是离子键。当 H 原子与一个负电性较大的 A 原子以共价键结合以后，原来球对称型的电子云分布将偏向 A 原子，使得带正电的 H 原子核与负电中心不再重合，从而产生固有的电偶极矩，这时呈正电性的 H 原子核一端又会通过库伦引力与周围分子中的 A 原子相结合(称为氢键)。含氢原子的分子就是以这种方式最终结合成了晶体。这时，晶体中氢原子与 A 原子间的结合可以表示成 A - H—A 或 A - H—B，其中短划线表示共价键，长划线就表示氢键。显然，氢键比共价键弱得多，它实际上是一种极性分子间的范德瓦尔斯键。由氢键结合成的晶体称为氢键晶体，自然界中典型的氢键晶体如冰(H_2O)、H_2F 等，图 1.60 给出了一种常见的冰晶体结构。

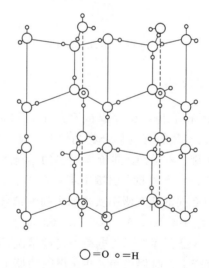

$\bigcirc$ = O　$\circ$ = H

图 1.60　冰晶体中 H_2O 分子的排列方式

习题与思考题

　　1. 已知几种材料的晶格常数：$a_{Cu} = 3.61$Å，$a_{Zn} = 2.66$Å，$a_{Si} = 5.43$Å，试计算其原子体密度(/cm^3)。

　　2. 试推导 SC、FCC、BCC 中初基元胞基矢与轴矢之间的关系(用轴矢表示基矢)。

3. 假设一个由两种元素原子组成的二维晶体结构如题 3 图所示，试确定其基元的组成，并在图中画出它的布拉菲格子、初基元胞和魏格纳-赛兹元胞。

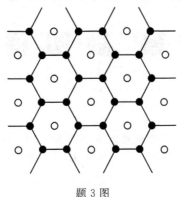

题 3 图

4. 如果某晶格的基矢为 $a_1 = ai$，$a_2 = aj$，$a_3 = \dfrac{a}{2}(i+j+k)$，则该晶格是什么结构？如果 $a_3 = \dfrac{3a}{2}i + \dfrac{a}{2}(j+k)$，又将变成什么结构？为什么？

5. 试计算 SC、FCC、BCC 以及金刚石结构中最大间隙位置的半径(假设晶格常数 a 已知)。

6. 试证明六方密堆积结构中晶格常数 $\dfrac{c}{a} = \sqrt{\dfrac{8}{3}}$。

7. 求立方晶格中常用晶向晶面之间的夹角。

8. 试用倒格子的定义证明：立方晶系中指数相同的晶向和晶面互相垂直，即 $[hkl] \perp (hkl)$。

9. 证明：FCC 和 BCC 互为倒格子。

10. 证明：正倒格子初基元胞体积的乘积等于 $(2\pi)^3$。

11. 证明：任意正倒格矢的标积等于 2π 的整数倍。

12. 试证明由一价正负离子组成的一维晶格的马德隆常数为 $A = 2\ln2$。

13. 试证明金刚石结构中共价键的夹角为 $109.47°$。

14. 试求 SiC、GaN 晶体的电离度 f_i。

15. 晶体结构、布拉菲格子、倒格子之间的关系是什么？

16. 晶体解理面上原子排列的特点是什么？

17. 不同化学键中价电子的转移情况各有什么特点？

18. 正倒格子之间的对应关系是什么？

19. 为什么金刚石结构的原子致密度是最低的，但硬度却是最大的？

第2章　缺陷理论

　　第 1 章介绍的结晶学理论是建立在理想晶体的基础上的，即假设组成晶体的微观粒子按照某一规则周期性无限重复排列，所有原子均在各自的格点位置上固定不动，晶体中不存在任何非理想的因素。但是，实际情况并非如此。首先，实际晶体的尺寸都是有限的，因而必然存在表面，表面处晶格原有的周期性发生了中断，使得表面原子的性质与晶体内部原子很不相同，从而导致晶体表面具有很多特殊的性质和用途；其次，在晶体材料的制备过程中，由于工艺条件，如温度、压力、气体纯度、气体流量、环境的洁净度等的变化，不可避免地会在所生长的晶体中引入一些非理想的因素，如杂质原子、空洞、包裹体、多晶等等，从而破坏了晶体原有的周期性；还有，由于温度的涨落，晶体中的某些原子有可能获得足够的能量，离开自己的格点位置，进入到晶格间隙或者占据不属于它的格点位置，从而使晶体原有的周期性遭到破坏。

　　以上情况，都决定了实际晶体无论是在结构上还是在化学配比上都存在与理想晶体严格周期性的偏差，我们就把这种偏差称为缺陷。缺陷对于晶体的各种宏观性质，包括物理、化学、电学、机械、热、光等性质，都具有显著的影响。通常为了保证晶体的基本性质，必须严格控制和减少晶体中缺陷的种类和数量，但有时又会人为地在晶体中引入某种缺陷，通过改变缺陷的种类和数量，进而改变和控制晶体的某些宏观性质，因此晶体缺陷理论的研究意义重大。

　　按照缺陷在空间的几何构型的不同，可将晶体中的缺陷划分为点缺陷、线缺陷、面缺陷和体缺陷，它们是根据缺陷在晶体中的延伸范围是零维、一维、二维还是三维来近似描述的。

2.1　点　缺　陷

　　点缺陷是晶体中以空位、间隙原子、杂质原子为中心，在一个或几个晶格常数的微观区域内，晶格结构偏离严格周期性而形成的畸变区域。简言之，点缺陷就是畸变区域在原子尺寸范围的一种缺陷，也是晶体中最简单、最常见或者说一定存在的缺陷形式。

☞ 2.1.1 费仑克尔缺陷

如果由于温度的变化,晶体内部各点上的原子或离子获得足够能量而移动到晶格间隙位置形成间隙原子,同时在原来的格点位置留下空位(Vacancy),如图 2.1 所示,则把这种空位-间隙原子对称为费仑克尔(Frenkel)缺陷。

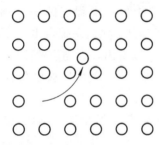

图 2.1 费仑克尔缺陷的形成过程

显然,如果晶体中只存在费仑克尔缺陷,则晶体中空位与间隙原子的浓度必然是相等的。

设费仑克尔缺陷的形成能为 u_f,则由 N 个原子组成的晶体中所能形成的费仑克尔缺陷的数目为

$$n_f = Ne^{-\frac{u_f}{k_B T}} \tag{2.1}$$

式中,k_B 为玻尔兹曼常数,T 为绝对温度。

对式(2.1)可以作简单的理解:首先,形成能 u_f 并不能使原子脱离晶体,而只是使晶体内部原子从格点位置移动到间隙位置,形成一个空位-间隙原子对;其次,根据热力学统计理论,一个原子在温度为 T 时,能量达到 u_f 的概率为 $e^{-\frac{u_f}{k_B T}}$,这时的原子才可以形成费仑克尔缺陷;另外,N 个原子组成的晶体中可形成 n_f 个费仑克尔缺陷,则一个原子形成费仑克尔缺陷的概率为 n_f/N,于是就有 $n_f = Ne^{-\frac{u_f}{k_B T}}$。

☞ 2.1.2 肖特基缺陷

如果由于晶格原子的热运动,晶格内部格点上的原子离开平衡位置而到达晶体表面新的格点位置,这时在晶体内部只留下空位,如图 2.2 所示,则把这种晶格空位称为肖特基(Schottky)缺陷。

若肖特基缺陷的形成能为 u_s，则 N 个原子组成的晶体在温度为 T 的平衡态时，所能形成的肖特基缺陷的数目为

$$n_s = N e^{-\frac{u_s}{k_B T}} \qquad (2.2)$$

根据热力学统计理论，晶体中热缺陷的存在，一方面由于需要形成能而会使晶体的内能 U 增加，另一方面，由于原子排列混乱程度的增加，又会使晶体的组态熵 S 增加。根据系统自由

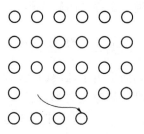

图 2.2　肖特基缺陷（空位）的形成过程

能的表达式：$F = U - TS$，可以看出，一定量的热缺陷有可能使晶体的自由能反而下降。根据自由能极小的条件，就可以求出在热力学平衡状态下缺陷数目的统计分布。

以肖特基缺陷为例，设晶体由 N 个原子构成，温度为 T 时形成了 n_s 个空位（肖特基缺陷），空位形成能为 u_s，由此引起系统内能的增加为 $\Delta U = n_s u_s$。当晶体中具有 n_s 个空位时，将总共包含 $N + n_s$ 个格点（n_s 个空格点）。而 N 个原子占据 $N + n_s$ 个格点的排列方式为

$$W = C_N^{N+n_s} = \frac{(N+n_s)!}{N! n_s!}$$

由此引起的组态熵增为

$$\Delta S = k_B \ln W = k_B \ln \frac{(N+n_s)!}{N! n_s!}$$

所以，在忽略晶格振动引起的状态变化的情况下，晶体自由能的变化为

$$\Delta F = \Delta U - \Delta S T = n_s u_s - k_B T \ln \frac{(N+n_s)!}{N! n_s!}$$

当系统达到平衡时，自由能取极小值，即

$$\left(\frac{\partial F}{\partial n_s} \right)_T = 0$$

再利用斯特令公式可知，当 x 很大时，有

$$\ln x! = x \ln x - x$$

并考虑到 $N \gg n_s$，即可得到

$$n_s = N e^{-\frac{u_s}{k_B T}}$$

☞ 2.1.3　间隙（填隙）原子

同样是由于晶格的热运动，如果晶体表面格点上的原子移动到晶格内部的

间隙位置，则会在晶体内部形成间隙原子这种缺陷。根据间隙原子的形成过程，有时也把这种缺陷称为反肖特基缺陷。间隙原子的计算公式为

$$n_i = Ne^{-\frac{u_i}{k_B T}} \qquad (2.3)$$

式中，u_i 为间隙原子的形成能。

从上面三种缺陷的形成过程不难理解，一个费仑克尔缺陷其实就包含一个肖特基缺陷和一个间隙原子，即 $u_f = u_s + u_i$，而相对于肖特基缺陷，形成间隙原子时所引起晶格局部畸变的程度更大，因此必然有 $u_f > u_i > u_s$。同时我们还可以想到，当晶体中存在肖特基缺陷时，相邻格点上的原子跳跃进入该空位所需要的能量是很小的，即空位(肖特基缺陷)的迁移能远小于其形成能。

☞ 2.1.4 反结构缺陷

在化合物晶体中，以 AB 型化合物为例，如果由于某种原因，使得晶格中的 A 原子离开自己的平衡位置，而占据了 B 原子的格点位置(记为 A_B)，或者 B 原子占据了 A 的位置(记为 B_A)，同样也会破坏晶体原有的周期性，把这种缺陷称为反结构缺陷。显然，这种缺陷只有在化合物晶体中才有可能存在。

☞ 2.1.5 杂质

晶体中除了自身原子(称为基质原子，Host)以外的原子均称为杂质(原子)(Impurity)。在晶体材料的制备过程中，由于原材料的纯度、生长环境的洁净度等方面的原因，都会使杂质原子进入到晶体中，因此，杂质是晶体中普遍存在的一种缺陷。

杂质原子在晶体中一般有两种存在形式：一种是处于晶格间隙位置，称为间隙式(或填隙式)杂质；另一种是取代基质原子而处于格点位置，称为替位式杂质。间隙式杂质原子往往引起晶格较大的畸变，因此通常只有半径较小的原子(如 H、Li、C 等)才有可能在晶体中以间隙原子的形式存在。替位式杂质原子由于其原子半径与基质原子之间的差异，往往也会引起晶格的畸变，如图 2.3 所示。当杂质原子的半径与晶体的基质原子相当，且化学性质也很接近时，就有可能得到很高的杂质固溶度，甚至可以形成无限固溶体，比如很多的金属合金，以及 $Ge_x Si_{1-x}$、$GaAs_x P_{1-x}$ 等，其中的 x 可以实现从 0 到 1 的连续变化。可见，杂质原子能否进入晶体并处于何种位置，除受制备工艺等外界条件限制外，最根本上取决于两个方面：一方面是杂质原子本身的性质，包括原子负电性、价态以及原子半径；另一方面则是基质材料的性质，包括硬度、密度、化学键以及晶体结构等。

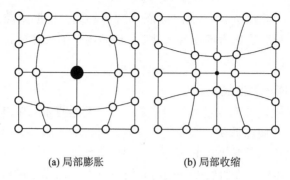

(a) 局部膨胀　　　　　　　　(b) 局部收缩

图 2.3　替位式杂质原子引起的晶格畸变

我们可以通过两个例子来充分理解杂质对晶体宏观性质的重要影响。在 γ 型铁（FCC 结构，称为奥氏体）中，存在有一定量的间隙式碳原子（在 1148℃时碳原子含量约为 2.11%），快速冷却（淬火）时，大量的碳原子失去了扩散能力，来不及逃出晶体而滞留在晶体内部，引起晶体结构的变化，使铁的结构变成了 α 型（BCC 结构，称为马氏体）。由于 BCC 结构中原子排列具有比 FCC 更强的方向性，因此马氏体是一种高硬度的产物。这就是铁变成钢的基本过程，显然杂质原子 C 在其中扮演了重要的角色。

再比如，如果在纯净的半导体材料 Si 中掺入百万分之一的杂质原子（B 或 P），这时材料的纯度仍高达 99.9999%，但其室温下的电阻率却由原来的 214 000 Ωcm 下降到了约 0.2 Ωcm（约为原来的百万分之一）。可见杂质的引入对半导体材料的导电能力具有显著的影响。目前广泛使用的各种半导体器件和电路就是通过掺杂的方法，在半导体材料中人为地控制所引入的杂质的种类和数量，从而改变半导体材料的导电类型和导电能力加以制作的。

☞ 2.1.6　色心

一般来讲，在理想的化合物晶体中，不同原子的数量必然保持固定的比例，称为定比定律。在实际的化合物晶体中，通常并不符合定比定律，这些化合物被称为非化学计量化合物。这时，晶体中正离子与负离子的数目并不存在一个简单而固定的比例关系，这是由于在晶体的生长过程中某种生长元组分的过量或不足，或者晶体受到某种外界作用（比如辐照或者在某种特定气氛中加热等），使得晶体中的组成原子偏离化学计量而产生了缺陷。为了在产生缺陷的区域保持电中性，晶体中的过剩电子或过剩正电荷（空穴）会被束缚在缺陷的位置上，这些束缚在缺陷上的电荷会具有一些特定的分立能级，能够吸收特定波长的光子，从而使晶体呈现某些特定的颜色。因此，把晶体中这种特定的点缺陷称为色心。比如，石英晶体经中子辐照后会呈现棕色；再比如，碱金属卤化物晶体在其碱金属蒸气中加热并骤冷后，会使原来透明的晶体呈现不同的颜色(比如氯化钠晶体将变成淡黄色，氟化钾晶体将变成淡紫色，氟化锂晶体将变成粉红色，等等)。上述过程称为增色过程。反过来，将这些变色的晶体在某种气氛中加热，然后慢降温，使其中的缺陷充分释放掉，晶格结构恢复到理想状态，则晶体又将再次失去颜色。

　　从上面的分析可以看到，色心其实就是束缚了特定电荷的正负离子空位，比如负离子空位束缚电子，正离子空位束缚空穴，因此也叫做电子陷阱或空穴陷阱。色心的种类很多，目前研究的最为充分的一种色心是 F 色心。以 NaCl 为例，NaCl 晶体在 Na 蒸气中加热并骤冷后将呈现淡黄色。这是因为加热时扩散进入晶体的 Na 原子在骤冷时来不及逃离晶体而被滞留在晶体内部，形成过剩的 Na^+ 离子，由于晶体内部并不存在过剩的 Cl^- 离子，于是过剩的 Na^+ 离子将伴随相应数目的 Cl^- 离子结合在晶体中。为了保持电中性，Na 原子最外层的价电子将被负离子空位吸引并俘获。因此 F 色心就是一个俘获了电子的负离子空位，即电子陷阱。类似地，当 TiO_2 晶体中存在氧空位时，氧空位带两个单位正电荷，将俘获两个电子，成为一种新的色心，称为 F' 色心。色心上的电子能够吸收一定波长的光，使氧化钛从黄色变成蓝色直至灰黑色。这种存在氧空位的氧化钛是一种 n 型半导体，不能作为介质材料使用。TiO_2 的非化学计量范围比较大，可以从 TiO 到 TiO_2 连续变化，因此在 TiO_2 的制备过程中要密切注意并控制氧的分压。另外还有几种常见的 F 心，如图 2.4 所示。当一种正离子替代晶体中的基质正离子并俘获一个电子时形成变形 F 心(记为 F_A 心)，⟨100⟩晶向上两个相邻 F 心组成 F_2 心，(111)晶面上三个最近邻的 F 心组成 F_3 心等。图2.4 中 F' 心由二价负离子空位俘获两个电子构成，画在同一模型中只是为了形成对照。除 F 心以外，色心中还包含金属卤化物在卤素蒸气中加热并骤冷后形成的 V 心，以及 R 心、M 心、N 心等等。

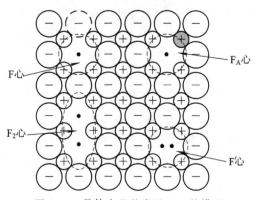

图 2.4　晶体中几种常见 F 心的模型

2.2　线缺陷、面缺陷和体缺陷

除 2.1 节中介绍的晶体中常见的几种点缺陷外,晶体中还存在其他的一维、二维或者三维的缺陷,下面逐一进行介绍。

☞ 2.2.1　线缺陷

晶体内部偏离严格周期性的一维缺陷称为线缺陷。晶体中最重要的一种线缺陷就是位错,位错在晶体的机械性能,包括形变、强度、断裂以及相变等方面起着重要的作用。

位错是晶体结构中原子排列的一种特殊组态。在某种外力的作用下,如果晶体中的某一部分发生了形变(如压缩或拉伸),则在交界面上就会存在某一列原子的特殊组态。如图 2.5 所示,图 2.5(a)中标出了假想的滑移面,如果设想晶体的左半部分相对于右半部分沿着水平方向发生了一定的挤压,如图 2.5(b)所示,这时晶体中间位置上就会有垂直的一列原子的化学键发生断裂,并且在一定范围内引起晶格畸变,而远离这一区域的晶格则基本保持原有的结构。我们把这种一维缺陷称为刃型位错,有时也称为楔型位错,就好像人为地在此处插入了一列原子,而缺陷正好发生在刀刃上。为了便于描述,通常把压缩和拉伸部分的交界面称为滑移面,而把晶体左半部分沿滑移面向里的移动用一个滑移矢量表示,记为 b,也称为伯格斯矢量。从刃型位错的形成过程可以发现,这种刃位错具有与滑移方向相垂直的特点。

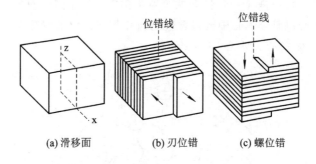

(a) 滑移面　　　　　(b) 刃位错　　　　　(c) 螺位错

图 2.5　晶体中位错缺陷的形成过程

还有另外一种类型的位错,如图 2.5(c)所示,相当于晶体的左半部分在外力作用下相对于右半部分发生了向下的扭曲,即滑移矢量 b 的方向向下,这时的位错畸变区域仍将出现在晶体中间位置垂直的一列原子上,于是位错线与滑移方向平行。显然，当扭曲的幅度较大，即 b 模较大时，位错线将不再是一条直线，而是一条呈螺旋状的曲线，这也就是为什么把这种位错称为螺位错的原因。

从上面两种位错的形成过程不难看出，位错的形成主要与晶体中存在的应力和形变有关，因此位错主要对晶体的机械性能产生影响，并且在晶体生长中起着重要作用。另外，由于位错线上的原子具有断裂的化学键（称为悬挂键），这种未饱和的悬挂键可以通过向晶体释放电子或者从晶体中俘获电子，从而对晶体的电学性质产生影响。由于位错线上的原子化学性质比较活泼，因此其化学腐蚀速度比其他区域快，当晶体表面经过一定的化学腐蚀液的腐蚀后，就会在有位错的地方形成腐蚀坑，结合晶体的各向异性，这些腐蚀坑往往具有特殊的形状，正如第 1 章中讲到的金刚石结构(100)和(111)晶面的化学腐蚀坑分别为正方形和正三角形。

☞ 2.2.2　面缺陷

晶体中偏离严格周期性的二维缺陷称为面缺陷，主要包括表面和界面、层错、晶粒间界（晶界）等。

1. 表面

在晶体表面上，由于化学键的断裂，使晶体的周期性在表面处发生很大的改变——中止，这些断裂的化学键（称为悬挂键）非常活泼，按照能量最低原理，它会通过吸附其他粒子或者通过表面原子结构的重组来释放能量，使自己达到稳定的能量状态。这里仅以金刚石结构的(100)表面为例作简单的分析。图 2.6 中给出了金刚石结构理想的(100)表面的原子结构图，俯视图中最大的圆圈表示顶层原子，次大的圆圈表示第二层原子，实心黑点表示第三层原子。可以看到，这时每一个顶层原子都会与两个第二层原子以共价键结合，因此每个顶层原子还有两个未饱和的悬挂键。

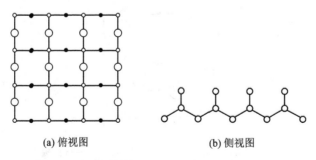

(a) 俯视图　　　　　　　　(b) 侧视图

图 2.6　金刚石结构(100)理想表面的原子结构图

实际情况中，为了进一步降低晶体表面能量，顶层原子会发生一定的横向迁移，两两靠近并以共价键连接，从而使每个顶层原子减少一个悬挂键，形成由五个原子组成的环状链结构，如图 2.7 所示，这一过程称为表面原子的再构过程。

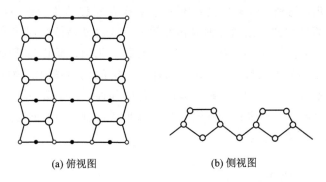

(a) 俯视图　　　　　　　　　　　(b) 侧视图

图 2.7　金刚石结构(100)再构表面的原子结构图

　　当然，在晶体表面的再构过程中，除了顶层原子之间横向间距发生变化以外，往往还会发生纵向间距(即原子层间距)的变化，称为驰豫。比如在图 2.8 所示的金刚石结构(100)再构表面的一种扭曲模型中，一个顶层原子(大圆圈)有所上升，使得与之相连的两个第二层原子(小圆圈)靠近一些(如图中箭头所指)，与此同时，相邻的另一个顶层原子有所下降(用中圆圈表示)，使得两个第二层原子远离一些(见图中箭头所指)，这时就会形成一种扭曲变形的再构表面。

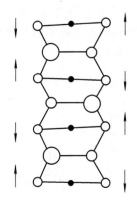

图 2.8　金刚石结构(100)再构表面的一种扭曲模型

关于晶体的表面，有很多专门的书籍中进行了详细的分析，因此本书不再做过多的讨论。

2. 层错

层错也叫堆垛层错，就是指晶体中原子面之间按照某种规则（堆垛次序）排列时局部发生紊乱而形成的缺陷。比如在第 1 章中我们已经知道，六方密堆积（HCP）结构沿 [0001] 晶向就是密排原子面按照 $ABAB\cdots$ 的方式排列，而立方密堆积（FCC）沿 [111] 晶向则是密排原子面按照 $ABCABC\cdots$ 的方式排列。如果在 FCC 结构中原子面的排列顺序发生了局部的错误，则会形成层错缺陷，这时会出现三种情况：第一种情况相当于在原来的排列次序中插入了一层原子，如 $ABCAB(A)C\cdots$；第二种情况相当于在原来的排列次序中抽掉了一层原子，如 $AB(\ \ )ABC\cdots$；第三种情况则相当于两个 FCC 背靠背连接在一起（称为孪晶），如 $\cdots ABCABACBA\cdots$。

不难发现，这三种情况产生的层错缺陷中都有一个共同特点，即都相当于在原来的 FCC 结构中形成了一个局部的 HCP 结构，这是层错的一个重要特征。当然，层错还有另外一个特点，也很好理解，比如在 FCC 结构的形成过程中，A 层下来排 B 层，而 B 层下来排 C 层还是排 A 层的概率却是相当的，即所需能量的差异很小，但结果却是不同的：前一种排法得到的是 FCC 结构，而后一种排法则会形成一个层错缺陷。这就表明层错是一种低能量的缺陷，在晶体中也是普遍存在的。

在层错的研究中还发现了一个很有意义的现象，那就是如果层错出现了规律性的变化，即产生了某种周期性，称为缺陷有序化，那么这种缺陷的周期性叠加在晶体原有的周期性上就会形成一种新的排列方式，相当于产生了一种新的晶体结构。这种现象在目前第三代宽禁带半导体材料碳化硅（SiC）的研究中表现得最为充分。SiC 是一种二元化合物半导体，属于共价晶体，如果把 [111] 晶向上的 Si - C 双层原子面看做一个整体，仍然使它沿 [111] 晶向作 $ABCABC\cdots$ 排列时，则得到的是一种立方晶系的闪锌矿结构，称之为 3C - SiC（或 β - SiC）；如果排列方式是 $ABAB\cdots$ 时，得到的是六方晶系的 2H - SiC；而排列方式是 $ABCBABCBA\cdots$ 时，得到的则是六方晶系的 4H - SiC；当然还有 $ABCACBABCACB\cdots$ 的 6H - SiC，等等，如图 2.9 所示。SiC 晶体的诸多结构中，除了 3C - 以外的其他结构统称为 α - SiC。SiC 材料具有不同晶体结构的这种现象称为同型异构现象，这就是层错出现了有序化的一种表现。目前已经研究确定的 SiC 的结构超过了 200 种，而理论上它显然可以具有无穷多种结构。但由于层错是一种低能量的缺陷，不同结构的分离和制备显然是一件非常困难的工作，目前能够成功控制生长的 SiC 结构主要有 3C -、4H - 和 6H - SiC 等。

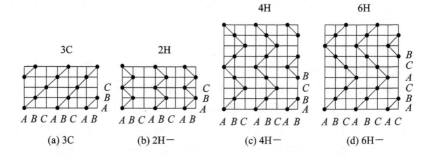

图 2.9　不同 SiC 结构中沿[111]（或[0001]）晶向的原子排列

需要指出的是，尽管缺陷有序化的概念是基于层错提出来的，但它同样适用于其他各种缺陷，比如点缺陷、线缺陷、面缺陷以及下面提到的体缺陷，只要能够使某种缺陷具有一定的规律性，就可以改变或者控制晶体的某些宏观性质。这实际上就是目前很多人工材料制备技术的理论基础。

3. 晶界

晶体内部的面缺陷除了层错以外，还存在晶粒间界，这是因为通常条件下制备的晶体材料大多为多晶，即由许多小的单晶颗粒组成，这些晶粒的交界区域称为晶粒间界（晶界），如图 2.10 所示。晶界区域的原子都处于畸变状态，具有较高的能量，而且具有非晶态特性。晶界对材料的力学性能以及相变过程都有重要的作用。晶体中原子沿晶粒间界的运动相对比较容易，但是当晶粒与晶粒间的夹角 θ 小于 $10°\sim15°$ 时（称为小角晶界），却具有阻止原子扩散的作用。在晶体的形成过程中，为了使相邻晶粒的原子尽可能完整地按晶格排列弥合在一起，于是就相当于形成了一系列平行排列的刃位错，如图 2.11 所示。

(a) 晶粒间界的显微照片

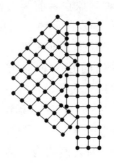

(b) 晶粒间界模型

图 2.10　晶粒间界

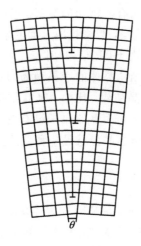

图 2.11 小角晶界

孪晶界是各种晶界中最特殊也是最简单的一种。孪晶是指两个晶体或一个晶体中的两个相邻部分沿一个公共晶面具有镜像对称的关系，这时的公共晶面称为孪晶面，如图 2.12 所示。孪晶面上的原子同时被孪晶的两部分晶体所共有，这样的界面称为共格界面。孪晶之间的界面称为孪晶界，孪晶界往往就是孪晶面，即共格孪晶界。但有时孪晶界也可以与孪晶面不重合，如图 2.13 所示，这时的孪晶界称为非共格孪晶界。

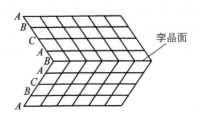

图 2.12 FCC 晶体中的孪晶结构

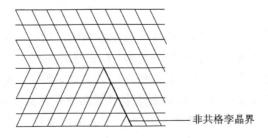

图 2.13 非共格孪晶界示意图

显然，孪晶的形成与层错有着密切的关系。正如图 2.12 所示，FCC 结构的晶体沿〈111〉晶向为密堆积结构，当密排原子面的堆垛次序从某一层（如图中的 B 层）开始发生颠倒（局部出现 HCP 结构）时，上下两部分晶体就形成了镜像对称的孪晶关系。可见，FCC 结构晶体的孪晶面为 (111) 面。而不同结构的晶体，将会在特定的晶向上形成孪晶结构，比如，BCC 结构晶体的孪晶面为 (112) 面。当孪晶界就是孪晶面时，由于界面上的原子没有发生错排现象，晶体中基本不存在畸变区域，因此这种共格孪晶界就是一种低能量的层错缺陷。

☞ 2.2.3 体缺陷

晶体中偏离严格周期性的三维缺陷称为体缺陷，主要包括包裹体、气泡和空洞等，其中比较重要的是包裹体。包裹体是晶体生长过程中界面捕获的夹杂物，它可能是晶体生长原料的某一过量组分形成的固体颗粒，也可能是晶体生长中引入的杂质微粒。这是一种严重影响晶体性质的缺陷，由于包裹体的热膨胀系数与晶体材料通常不一样，因此在晶体生长过程中会产生内部应力，导致晶体形变以及位错等其他缺陷的形成。

如果单晶生长中形成了少量的多晶微粒，则相当于单晶中的体缺陷，否则形成的整个晶体为多晶材料。

前面介绍了晶体中存在的各种缺陷，通常情况下晶体中的绝大多数缺陷是不受人力控制的，因此我们在制备晶体材料时总是会尽可能地通过各种途径，比如提高原料的纯度、生长环境的洁净度、精确控制生长温度、生长速率、原料配比等，以减少缺陷的种类和数量，进而提高晶体的纯度以及结晶质量。在此基础上，进一步通过对某些缺陷（如杂质等）的数量和分布的精确控制，实现对晶体宏观性质的控制。

2.3 晶体中的原子扩散

与气体和液体类似，晶体中的原子也存在布朗运动，只是由于晶体中原子所受到的束缚更大，原子运动的能力更弱，使得这种布朗运动的过程更加漫长而已。晶体的温度是其原子热运动剧烈程度的反映，因此，提高温度可以加速晶体中原子布朗运动的过程。如果晶体中不同部分存在某种原子的浓度差（浓度梯度），该种原子则可以借助布朗运动而沿着浓度梯度的方向产生定向的漂移运动，这就是晶体中原子的扩散运动。从原子的角度来讲，晶体中的扩散可分为基质原子扩散（也称为自扩散）和杂质原子扩散，显然研究晶体中杂质原子扩散的意义更大一些。

☞ 2.3.1　扩散的必要条件

　　实现晶体中原子的扩散必须满足一定的条件。首先，浓度梯度是原子扩散的根本原因，如果不存在原子的浓度梯度，即使原子布朗运动的程度很剧烈，也不可能产生原子的定向漂移运动；其次，温度是扩散的外界条件，晶体中原子运动的能力有限，必须在一定的温度下，晶体中原子才能获得足够的能量形成定向运动；第三，原子扩散还必须借助一定的途径，即扩散机制（或扩散方式），比如，对杂质原子而言，如果晶体具有理想的结晶完整性，它必然对杂质原子具有很强的排斥性，这时杂质原子的运动就非常困难了。根据前两节的介绍，实际晶体中往往存在各种缺陷，这样的话，原子就可以借助缺陷实现在晶体中的扩散运动。

　　晶体中原子的扩散运动就可以这样来理解：高温时，如果晶体中存在某种原子的浓度梯度，则晶体中原子就会借助无规则热运动（布朗运动），通过缺陷而在晶体中产生定向的漂移运动，即扩散。

☞ 2.3.2　扩散的微观机制

　　根据晶体中原子级缺陷（点缺陷）的特点，扩散的机制主要包括以下四种。

1. 空位机制

　　在一定的温度下，晶体中总会存在一定数量的空位（肖特基缺陷），一个在空位旁边的原子就有机会跳入空位之中，使自己原来的位置变成空位，而另外的近邻原子也可能占据这个新形成的空位，从而使空位继续运动，这就是空位扩散机制，如图 2.14 所示。

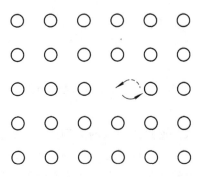

图 2.14　空位的运动

2. 间隙机制

间隙扩散机制是原子在晶格的间隙位置间跃迁而导致的扩散，如图 2.15 所示。在间隙机制中，还有从间隙位置到格点位置再到间隙位置的迁移过程，其特点是间隙原子取代近邻格点上的原子，原来格点上的原子移动到一个新的间隙位置。

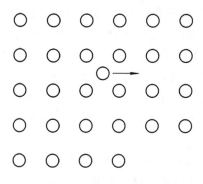

图 2.15　间隙原子扩散示意图

3. 复合机制

在扩散过程中，当间隙原子和空位相遇时，两者同时消失，如图 2.16 所示，这就是间隙原子与空位的复合机制。这种扩散一般在存在费仑克尔缺陷的晶体中进行，其实质是费仑克尔缺陷的迁移。

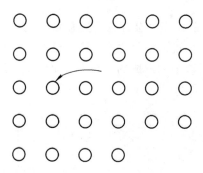

图 2.16　复合扩散机制示意图

4. 易位机制

相邻原子对调位置或是通过循环式的对调位置，从而实现原子的迁移和扩散，称为易位扩散机制，如图 2.17 所示。此种扩散要求相邻的两个原子或更多的原子必须同时获得足够的能量，以克服其他原子的作用，从而离开平衡位置而实现易位，因而这种过程必然会引起晶格较大的畸变，所以实现的可能性很小，在原子扩散中不可能起主导作用。

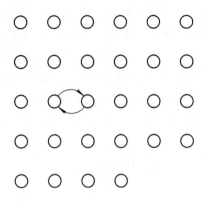

图 2.17　易位扩散机制示意图

前三种占主导地位的扩散机制，其实质都是晶体中点缺陷的迁移过程。

☞ 2.3.3　扩散系数

通常用扩散系数来表征原子在晶体中扩散运动的能力，即单位时间内原子扩散运动的距离，用 D 表示，量纲为 cm^2/s。显然，原子在晶体中的扩散能力既与晶体的属性有关，也与自身的特点有关。因此，不同原子在同种晶体中的扩散系数不同，而同种原子在不同晶体中的扩散系数也会不同。实际中，扩散原子在晶体内各层的浓度可用示踪原子法来测定，从而确定该原子在该晶体中的扩散系数 D。而在半导体材料的扩散中，则可通过各层电阻率的测量来确定各层的浓度，进而确定其中扩散原子的扩散系数。在不同温度下测量原子的扩散系数 D 可以得到扩散系数随温度的变化关系，即

$$D(T) = D_0 e^{-\frac{\Delta E}{k_B T}} \tag{2.4}$$

其中 ΔE 是与扩散机制相关的激活能。

☞ 2.3.4　扩散的宏观规律

晶体中原子的扩散与液体或气体中原子的扩散在约束机制上有所不同，但本质上都是粒子无规则热运动的统计行为，因此流体力学中的费克(Fick)定律对晶体中原子扩散的宏观现象依然适用。

考虑到时间因素，扩散过程可以分为稳态和非稳态两类。在稳态扩散中，单位时间内通过垂直于晶体中给定方向(扩散方向)的单位截面积的净原子数(即扩散流通量，用 J 表示)是不随时间变化的，而在非稳态扩散中，扩散流通

量 J 随时间而变化。

（1）Fick 第一定律：如果晶体中某扩散原子的浓度为 $C(x, y, z, t)$，则在稳态扩散中，扩散流通量 J 正比于扩散原子的浓度梯度，其数学表达式为

$$J = - D \nabla C \tag{2.5}$$

式中，负号表示扩散原子是从高浓度区域向低浓度区域扩散。

（2）Fick 第二定律：大多数情况下，扩散过程是非稳态的，即扩散流通量是随时间变化的，而在同一时间，J 又是随空间坐标而变化的，其数学表达式为

$$\frac{\partial C}{\partial t} = D \nabla^2 C \tag{2.6}$$

这就是费克扩散方程，可见，Fick 第一定律只是其中的一种特殊情况。

☞ 2.3.5 微电子器件制造中的两种扩散工艺

求解扩散方程时，必须确定相应的边界条件。目前在微电子器件工艺中，有两种专门的扩散工艺，对应两种不同的边界条件，因而也就具有两种不同的解。以 npn 三极管的制作工艺为例，在进行发射区 n 型掺杂时，通常是先在一定的温度（比如 950℃）下，将已经制作好基区并且具有发射区图形的 Si 衬底置于 P（磷）气氛中，一定时间后就会在 Si 表面薄层内沉积一定数量的 P 原子，这一步称为 P 的预淀积或预扩散；然后取出 Si 片，另置于更高温度（比如 1050℃）的保护气氛中，使 P 原子扩散进入 Si 衬底，通过控制扩散时间来调整 P 原子的扩散深度以及浓度分布，这一步称为 P 的再分布。在这一工艺过程中，我们把 P 的再分布称为恒定源扩散，即在整个扩散过程中，扩散原子的总数不变，等于最初 Si 片表面预淀积所得到的 P 原子的浓度 Q。而对于 npn 三极管基区的制作，则是另一种扩散过程，这时带有基区扩散窗口的 Si 片被放置在具有饱和 B（硼）原子的环境中，在一定温度（比如 1200℃）下，B 原子直接扩散进入 Si 衬底，同样可以通过控制扩散时间获得所需要的基区浓度和深度。在这一过程中，Si 片表面 B 原子的浓度一直是保持不变的，这种扩散称为恒定表面浓度扩散。下面就针对这两种不同的扩散过程来讨论扩散方程（2.6）的解（以一维为例）。

对于恒定源扩散，其边界条件为

$t=0$ 时，

$$\begin{cases} x = 0, & C(0) = Q \\ x > 0, & C(x) = 0 \end{cases}$$

$t > 0$ 时，

$$\int_0^\infty C(x)\mathrm{d}x = Q$$

扩散方程的解为

$$C(x,\ t) = \frac{Q}{2\sqrt{\pi Dt}}\mathrm{e}^{-\frac{x^2}{4Dt}} \tag{2.7}$$

这时杂质原子的分布是一种高斯分布。

而对于恒定表面浓度扩散，设晶体表面扩散原子的浓度保持 C_0 不变，其边界条件可以写成

$$\begin{cases} x = 0, & t \geqslant 0, & C(0,\ t) \equiv C_0 \\ x > 0, & t = 0, & C(x,\ 0) = 0 \end{cases}$$

这时扩散方程的解为

$$\begin{aligned} C(x,\ t) &= \frac{C_0}{\sqrt{\pi Dt}} \int_{-\infty}^0 \mathrm{e}^{-\frac{(x-x')^2}{4Dt}}\ \mathrm{d}x' \\ &= \frac{2C_0}{\sqrt{\pi}} \int_{\frac{x}{2\sqrt{Dt}}}^\infty \mathrm{e}^{-\beta^2}\ \mathrm{d}\beta \\ &= C_0\left[1 - \frac{2}{\sqrt{\pi}} \int_0^{\frac{x}{2\sqrt{Dt}}} \mathrm{e}^{-\beta^2}\ \mathrm{d}\beta\right] \\ &= C_0\left[1 - \mathrm{erf}\left(\frac{x}{2\sqrt{Dt}}\right)\right] \end{aligned} \tag{2.8}$$

其中，$\beta^2 = \dfrac{(x-x')^2}{4Dt}$，$\mathrm{erf}\left(\dfrac{x}{2\sqrt{Dt}}\right)$ 称为余误差函数。

因此恒定表面浓度扩散中得到的杂质原子的分布被称为余误差分布。

习题与思考题

1. 由于电中性的要求，AB 型离子晶体中的肖特基缺陷总是成对地产生，假设 N 为晶体的初基元胞数，n 为晶体中产生的正负离子空位对的数目，ΔE 为形成一对肖特基缺陷所需要的能量。试证明

$$n = N\mathrm{e}^{-\frac{\Delta E}{2k_B T}}$$

2. 设某种晶体中肖特基缺陷的形成能为 1eV，试计算温度从室温（300K）升高到 1000K 时晶体中肖特基缺陷的浓度增加多少倍。

3. 如果第 2 题所讨论的晶体中间隙原子的形成能约为 4eV，那么 1000K 时两种缺陷浓度的数量级相差多少？

4. 假设某晶体中只存在肖特基缺陷，且缺陷的形成能为 1eV，试计算肖特基缺陷浓度为千分之一时晶体所处的温度。

5. 相对于元素晶体，离子晶体中会存在哪些特殊的点缺陷？

6. 从缺陷的角度考虑，为什么一般的金属材料都会因为淬火而变硬？

7. 位错滑移时位错线上原子的受力有什么特点？

8. 为什么 SiC 材料具有同型异构现象，而其他化合物晶体（如 GaAs、InP 等）却没有这种特征？

9. 除了掺杂以外，请列举出缺陷还具有哪些积极的作用。

第3章 晶格振动理论

晶格振动是指组成晶体的微观粒子(比如原子、离子等)在其平衡位置(即格点)附近的微小振动。这种振动的幅度很小,否则就会引起晶体的变化,如溶解或分解,从而超出固体理论的研究范畴。晶格振动理论的研究最早开始于晶体热学性质的研究,然而,研究晶格振动的意义远不限于热学性质。晶格振动是研究晶体宏观性质及其微观过程的重要基础,对于研究晶体的电学性质、超导电性、磁性、结构相变等一系列物理问题,都具有重要的意义。

由于原子之间的相互作用,晶体中原子的振动不再是孤立的,当存在能量起伏而使得晶体中某一个原子产生振动时,必然会通过原子间相互作用而引起晶体中其他原子的振动,即形成一种波动,称之为格波。晶体就是通过格波来传递能量的。

本章的重点就是要研究组成晶体的大量微观粒子的热振动及其能量的传播形式,即格波的特点,进而阐述晶体的宏观热性质。所谓格波的特点,是指它与我们所熟知的连续媒质中的弹性波之间的差异。

然而,研究晶体中大量原子的热振动,也是一个非常复杂的问题。首先,作为一种微观粒子,原子的振动理所当然应该服从量子力学规律,但是时至今日,量子力学能为我们提供的有效工具仅仅是氢原子中单电子的运动,而这一模型与晶体中的原子的运动显然相去甚远。因此,求解晶体中原子的运动时就不得不借助经典的牛顿力学,即通过受力分析,建立其运动状态方程,并根据求解的过程和结果随时进行量子力学修正。好在我们可以通过大量物理实验规律来验证我们的计算结果,因此,这一研究思路应该是可行的。

其次,当我们确定了晶格振动理论必须借助牛顿力学的研究思路后,会发现由于晶体中大量原子的相互作用,原子的受力分析仍然是相当复杂的。这就需要我们通过对问题的分析,抓住主要矛盾,忽略次要矛盾,通过近似条件来简化问题,并通过计算结果与实验现象的对比确定近似条件的合理性和可行性。

下面我们就先通过晶格模型的简化来求解晶格原子振动问题,获得几种简单晶格的振动规律，最终推广到三维实际晶格。

3.1　一维单原子链

☞ 3.1.1　晶格模型与受力分析

一维单原子链是最简单的晶格模型，即假设由 N 个同种原子组成的一维单式晶格，原子质量为 m，晶格常数为 a（即原子间平衡间距以及晶格初基元胞体积均为 a）。求解时需要首先建立坐标系，如图 3.1 所示，假定第 0 个原子的平衡位置为原点，沿原子链方向建立 X 轴，为了便于表述和求解，所有原子运动限制在沿 X 轴方向（纵波），原子受力向右为正。假定 $t=0$ 时刻所有原子没有发生振动，第 $n(n=1\sim N)$ 个原子的平衡位移为 $X_n = na$，如图 3.1(a) 所示。t 时刻原子发生振动，偏离自身平衡位置的位移用 $\cdots$，μ_{n-2}，μ_{n-1}，μ_n，μ_{n+1}，μ_{n+2}，$\cdots$ 表示，第 n 个原子的实际位移为 $X_n = na + \mu_n$，如图 3.1(b) 所示。尽管晶格中任一原子都会受到其他 $(n-1)$ 个原子的作用，但是这种作用会随着原子间距的增加而快速减小，这是比较容易理解的，因此，为了使问题进一步简化，可以进行近邻作用近似，即假定晶格中任一原子只受到其最近邻原子的作用。这样的话，由于晶格中相邻原子间的相互作用（化学键）都相同，就可以把一维单原子链想象成 N 个原子由完全相同的弹簧连接的情况，如图 3.1(c) 所示，于是对于第 n 个原子，只受到前后两个原子的作用 f_{n-1}，f_{n+1}，它们与原子的相对位移成正比，并且具有相同的弹性系数（或者叫回复力系数）β。

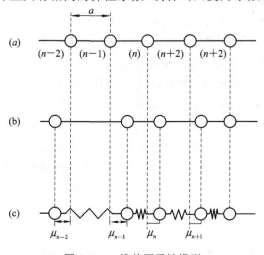

图 3.1　一维单原子链模型

经过上面的分析，就可以根据牛顿第二定律直接建立第 n 个原子的运动状态方程，即

$$m \frac{\mathrm{d}^2 \mu_n}{\mathrm{d}t^2} = f_{n-1} + f_{n+1}$$
$$= \beta(\mu_{n-1} - \mu_n) + \beta(\mu_{n+1} - \mu_n)$$
$$= \beta(\mu_{n-1} + \mu_{n+1} - 2\mu_n) \tag{3.1}$$

每一个原子对应一个这样的方程，因此式(3.1)实际上代表着 N 个联立的线性奇次方程，该方程组应该有 N 个独立解，而独立解的个数也称为自由度，即一维单原子链的自由度为 N。同时方程(3.1)还反映了晶格中原子振动的一个共同特点，即第 n 个原子的运动状态不仅与 μ_n 有关，而且与 μ_{n-1} 和 μ_{n+1} 有关，这就是晶格原子运动的相关性(耦合)。

☞ 3.1.2　长波近似

下面将验证方程(3.1)具有下列"格波"形式的解：

$$\mu_n = A e^{i(\omega t - naq)} \tag{3.2}$$

考虑一种极限情形，假设晶格常数 a 相对于波长 λ 足够小($\lambda \gg a$)，即把晶体视为连续媒质，称之为长波近似。于是可以把方程(3.1)中的离散量过渡到连续量，即

$$a \to \Delta x$$
$$na \to x$$
$$\mu_n = \mu(na, t) \to \mu(x, t)$$
$$\mu_{n-1} = \mu(na - a, t) \to \mu(x - \Delta x, t)$$
$$\mu_{n+1} = \mu(na + a, t) \to \mu(x + \Delta x, t)$$

将 $\mu(x - \Delta x, t)$ 和 $\mu(x + \Delta x, t)$ 在 x 处泰勒展开，并且只保留到二阶项，这种假设称为简谐近似，于是有

$$\mu(x - \Delta x, t) \approx \mu(x, t) - \frac{\mathrm{d}\mu(x, t)}{\mathrm{d}x} \Delta x + \frac{1}{2} \frac{\mathrm{d}^2 \mu(x, t)}{\mathrm{d}x^2} \Delta x^2$$

$$\mu(x + \Delta x, t) \approx \mu(x, t) + \frac{\mathrm{d}\mu(x, t)}{\mathrm{d}x} \Delta x + \frac{1}{2} \frac{\mathrm{d}^2 \mu(x, t)}{\mathrm{d}x^2} \Delta x^2$$

把这些连续量带入方程(3.1)整理后即可得到：

$$m \frac{\partial^2 \mu(x, t)}{\partial t^2} = \beta \frac{\partial^2 \mu(x, t)}{\partial x^2} a^2 \Rightarrow \frac{\partial^2 \mu(x, t)}{\partial t^2} = \upsilon_0^2 \frac{\partial^2 \mu(x, t)}{\partial x^2} \tag{3.3}$$

这是数理方程中的波动方程，其中 $\upsilon_0^2 = \frac{\beta a^2}{m}$ 为波速度，该方程的特解为

$$\mu(x, t) = A e^{i(\omega t - qx)} \tag{3.4}$$

这是一个简谐波，其中 A 为振幅，$q = \dfrac{2\pi}{\lambda}$ 为波数，ω 为角频率。

　　根据这种长波近似的极限情形，就可以设想，当长波近似的条件 $\lambda \gg a$ 不成立时，方程(3.1)的解仍应具有类似的形式，即只需在式(3.4)的简谐波的解中用 na 替代 x 即可，也就是式(3.2)所示的格波形式的解。

☞ 3.1.3　色散关系

　　为了进一步研究一维单原子链振动的特点，可以将式(3.2)所示的格波形式的解代入振动方程(3.1)，得：

$$m(\mathrm{i}\omega)^2 A\mathrm{e}^{\mathrm{i}(\omega t - naq)} = \beta\big[A\mathrm{e}^{\mathrm{i}(\omega t -(n-1)aq)} + A\mathrm{e}^{\mathrm{i}(\omega t -(n+1)aq)} - 2A\mathrm{e}^{\mathrm{i}(\omega t - naq)}\big]$$

$$-m\omega^2 = \beta[\mathrm{e}^{\mathrm{i}aq} + \mathrm{e}^{-\mathrm{i}aq} - 2] = 2\beta(\cos qa - 1)$$

$$\omega^2 = \frac{2\beta}{m}(1 - \cos qa) = \frac{4\beta}{m}\sin^2\left(\frac{qa}{2}\right) \tag{3.5}$$

式(3.5)与 n 无关，表明方程(3.1)的 N 个特解的角频率 ω 与波数 q 之间都满足式(3.5)的关系。

　　通常把角频率 ω 与波数 q 之间的关系称为色散关系。

　　综上可知，一维单原子链振动时产生格波，格波总数等于方程(3.1)独立解的个数 N，即一维单原子链的自由度。格波具有与连续媒质中弹性波完全相同的形式，区别在于式(3.4)所表示的连续波中 x 可以是空间任意点，而在式(3.2)所表示的格波中只能取 $x = na(n = 1 \sim N)$ 的格点位置。由此可知，一个格波解表示所有原子同时做频率为 ω 的振动，而每一个原子又都同时参与 N 个格波的振动。对于一个格波解而言，不同原子之间存在相位差，相邻原子间相位差为 qa。格波与连续波的一个重要区别就在于波数 q 的涵义不同，可以注意到，如果在式(3.2)中把 qa 改变一个 2π 的整数倍，则所有原子的振动实际上完全没有任何不同。这表明 qa 可以限制在下面的范围内：

$$-\pi < qa \leqslant \pi$$

即

$$-\frac{\pi}{a} < q \leqslant \frac{\pi}{a} \tag{3.6}$$

而 $\left(-\dfrac{\pi}{a}, \dfrac{\pi}{a}\right]$ 正好是一维单原子链的第一布里渊区。该范围以外的 q 并不能提供其他不同的波。晶体中的格波之所以具有这样的特点，可以用图3.2来说明。为了便于图示，图中把每个原子的振动位移画在垂直于原子链的方向（即为横波，实际晶格振动中同时存在横波和纵波），图中实线和虚线分别表示 $q = \dfrac{\pi}{2a}$

（对应波长 $\lambda = 4a$）和 $q = \dfrac{5\pi}{2a}$（对应波长 $\lambda = \dfrac{4a}{5}$）的两个波。对于连续波而言，这是两个完全不同的波，然而，由于晶格的周期性，这两个波反映一维单原子链中原子的振动情况却是完全相同的，这就是为什么要把波数 q 的取值限定在一个周期内，也就是第一布里渊区的原因。

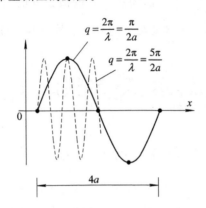

图 3.2　格波波数 q 的不唯一性的图示

☞ **3.1.4　周期性边界条件**

在求解一维单原子链振动问题的过程中，有一个问题不难发现，即在建立式(3.1)所示的原子运动状态方程时，按照近邻作用近似，原子链两端原子的受力情况与内部原子是不同的。尽管只有少数原子的运动方程发生了变化，但却给联立方程组的求解制造了很大的困难。这就是数理方程中所涉及到的边界条件的问题。历史上曾针对这一问题提出了多种边界条件的模型，比如双端原子固定或单端固定等，而玻恩-卡曼（Born-Von Karman）提出的周期性边界条件更能反映晶格周期性的特点，并且最为简单，因此被广泛采用。

基于如下的物理考虑：首先，晶体的宏观热性质取决于组成晶体的绝大多数原子的运动状态；其次，晶体边界（表面）原子的数目远小于晶体内部原子数目，因此对晶体热性质的影响很小；第三，按照近邻作用近似，边界原子对内部原子运动状态的影响很小。于是，玻恩-卡曼提出了这样的周期性边界条件：假定由数目巨大的 N 个原子组成的一维单原子链首尾衔接（间距也为 a），构成一个如图 3.3 所示的半径很大的圆环，局部范围内原子沿环方向的振动仍然可以看做是直线运动，于是边界条件可以写成如下形式：

$$\mu_n = \mu_{n+N} \tag{3.7}$$

即

$$e^{-iNaq} = 1$$

$$q = \frac{2\pi}{Na}l, \quad (l \text{ 取整数}) \tag{3.8}$$

这表明对于一维单原子链，波数 q 的取值是不连续的，而且是均匀分布的，相邻 q 之间的间距均为 $\frac{2\pi}{Na}$。结合前面所确定的波数 q 的取值范围为第一布里渊区，就可以得到一维单原子链波数 q 的取值个数为 N，与一维单原子链的自由度相同。

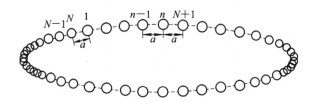

图 3.3　一维单原子链的玻恩-卡曼周期性边界条件

下面对式(3.5)所表示的一维单原子链的色散关系做一些补充性说明。

表面上看来，对于一个波数 q 应该对应 $\pm\omega(q)$ 两个频率，而一组($\omega(q)$，q)确定一个格波，所以总共应该有 $2N$ 个格波。但是，由于 ω 是 q 的偶函数，只需要取式(3.5)的正根就足够了，因为 q 和 $-\omega(q)$ 确定的解与由 $-q$ 和 $\omega(q) = \omega(-q)$ 确定的解是同一个解，反映晶格原子的振动情况也就完全相同。因此式(3.5)可进一步写成：

$$\omega = 2\sqrt{\frac{\beta}{m}}\left|\sin\frac{qa}{2}\right| \tag{3.9}$$

图 3.4 画出了一维单原子链的色散关系曲线。由于格波的特性，波数 q 取值范围为第一布里渊区 $\left(-\frac{\pi}{a}, \frac{\pi}{a}\right)$。由周期性边界条件可知，波数 q 在第一布里渊区中取均匀分布的 N 个点。

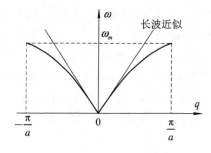

图 3.4　一维单原子链的色散曲线

当波数 q 接近于布里渊区中心，即 $q \to 0$ 时，相当于长波近似 $\lambda \gg a$，式 (3.9)可近似为

$$\omega = a \sqrt{\frac{\beta}{m}} |q| \qquad (3.10)$$

类似于弹性波的线性色散关系。

根据以上讨论，可以对一维单原子链的振动情况作以下总结：

由 N 个原子构成的一维单原子链(即一维单式晶格，所以基元总数和初基元胞总数均为 N)，晶格振动时产生 N 个格波，格波总数也称为晶格的自由度，所有 N 个原子都同时参与这 N 个格波的运动，每个原子的实际运动应该是 N 个格波在该原子格点位置引起的振幅的线性叠加，所以每个原子的实际振动情况仍然是非常复杂的。

而我们关心的则是晶格振动的整体情况，即所有格波的共同特点：N 个格波的角频率 ω 和波数 q 都满足同一个函数关系，即一维单原子链的色散关系；$\omega(q)$ 为周期函数，因此波数 q 可以被限定在一个周期以内，正好是该晶格的第一布里渊区；根据周期性边界条件，波数 q 取值不连续，且均匀分布，因此在第一布里渊区内波数 q 的取值个数为 N，正好等于晶体中初基原胞的总数。

3.2 一维双原子链

一维双原子链是最简单的复式晶格，仍然可以按照一维单原子链的研究方法来讨论其晶格振动的特点，只是数学推导的过程要稍微复杂一些，并且会引入一些晶格振动的新特点。

☞ 3.2.1 晶格模型与受力分析

由 N 个初基元胞构成的一维复式晶格，如图 3.5 所示，晶格常数为 a，基元含有两个不同的原子 P 和 Q，原子质量分别为 m 和 M，平衡时原子间距为 d，且 $d = a/2$。假定原子运动被限制在沿链的方向(即只考虑纵波)，t 时刻晶格

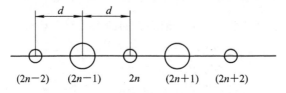

图 3.5 一维双原子链

振动后各个原子偏离自身平衡位置的位移分别用…，μ_{2n-2}，μ_{2n-1}，μ_{2n}，μ_{2n+1}，μ_{2n+2}，…表示。由于此时所有相邻原子间的相互作用（化学键）完全相同，因此，仍然可以用弹性系数完全相同的弹簧交替连接 N 个 P 原子和 N 个 Q 原子的模型来表示该晶格。

值得注意的是，该一维双原子链模型实际上反映的是 NaCl 结构的$\langle 100 \rangle$晶向或者 CsCl 结构的$\langle 111 \rangle$晶向原子排列的情况。如果晶格模型稍加改变，比如，基元中含有两个质量相同的原子，但原子间平衡间距 $d \neq a/2$，则反映的是金刚石结构$\langle 111 \rangle$晶向原子排列的情况；如果基元中很有两个质量不同的原子，且原子间平衡间距 $d \neq a/2$，则反映的是闪锌矿结构$\langle 111 \rangle$晶向原子排列的情况。对于这两种晶格模型，由于原子间距不同，因此原子间的相互作用（化学键）也不同，在数学推导时就必须采用不同的弹性系数 β_1、β_2 来反映。读者可以根据本节下面的推导过程，任选这两种晶格模型之一加以推导。同时还可以思考下面的问题：如果在一维双原子链模型中，基元中含有两个质量相同的原子，且原子间平衡间距 $d = a/2$，则情况会发生怎样的变化？

下面仍然采用近邻作用近似和简谐近似，对上面最先建立的一维双原子链模型进行讨论。类似于一维单原子链，得到的 P 原子和 Q 原子的运动状态方程如下：

P 原子：

$$m \frac{\mathrm{d}^2 \mu_{2n}}{\mathrm{d}t^2} = \beta(\mu_{2n-1} + \mu_{2n+1} - 2\mu_{2n})$$

Q 原子：

$$M \frac{\mathrm{d}^2 \mu_{2n+1}}{\mathrm{d}t^2} = \beta(\mu_{2n} + \mu_{2n+2} - 2\mu_{2n+1}) \tag{3.11}$$

这是由 $2N$ 个方程组成的联立方程组。同样，该方程组应该具有下列形式的格波解，只是由于 P 原子和 Q 原子质量的不同，其格波解的振幅不同：

$$\begin{cases} \mu_{2n} = A e^{\mathrm{i}(\omega t - 2ndq)} \\ \mu_{2n+1} = B e^{\mathrm{i}(\omega t - (2n+1)dq)} \end{cases} \tag{3.12}$$

☞ 3.2.2 色散关系

将式(3.12)代入方程(3.11)，消去共同的指数因子后可以得到：

$$\begin{cases} -m\omega^2 A = \beta(e^{\mathrm{i}qd} + e^{-\mathrm{i}qd})B - 2\beta A \\ -M\omega^2 B = \beta(e^{\mathrm{i}qd} + e^{-\mathrm{i}qd})A - 2\beta B \end{cases} \tag{3.13}$$

该方程与 n 无关，表明所有联立方程对于格波形式的解（式(3.12)）的角频率 ω 和波数 q 都满足该方程。进一步将其整理成以 A、B 为未知数的线性奇次方

程，即

$$\begin{cases} (m\omega^2 - 2\beta)A + 2\beta\cos qd\, B = 0 \\ 2\beta\cos qd\, A + (M\omega^2 - 2\beta)B = 0 \end{cases} \tag{3.14}$$

A、B 不同时为 0 的必要条件是其系数行列式必须等于 0，即

$$\begin{vmatrix} m\omega^2 - 2\beta & 2\beta\cos qd \\ 2\beta\cos qd & M\omega^2 - 2\beta \end{vmatrix} = mM\omega^4 - 2\beta(m+M)\omega^2 + 4\beta^2\sin^2 qd = 0 \tag{3.15}$$

将其视为关于 ω^2 的一元二次方程，根据求根公式可以得到两个解：

$$\omega_\pm^2 = \beta\frac{m+M}{mM}\left\{1 \pm \left[1 - \frac{4mM}{(m+M)^2}\sin^2 qd\right]^{\frac{1}{2}}\right\} \tag{3.16}$$

将其代回方程 (3.14) 就可以求出相应的 A、B 的解：

$$\left(\frac{B}{A}\right)_+ = -\frac{m\omega_+^2 - 2\beta}{2\beta\cos qd}$$

$$\left(\frac{B}{A}\right)_- = -\frac{m\omega_-^2 - 2\beta}{2\beta\cos qd} \tag{3.17}$$

式 (3.16) 被称为一维双原子链的色散关系，可以看到，这时的色散曲线有两条，而且都是波数 q 的周期函数，周期为 π/d。因此，类似于一维单原子链，波数 q 也可以被限定在一个周期内：

$$-\frac{\pi}{2d} < q \leqslant \frac{\pi}{2d}$$

即

$$-\frac{\pi}{a} < q \leqslant \frac{\pi}{a} \quad (\text{因为 } d = \frac{a}{2}，\text{而 } a \text{ 为一维双原子链的晶格常数})$$

而这正好是一维双原子链的第一布里渊区。一维双原子链的色散曲线如图 3.6 所示。

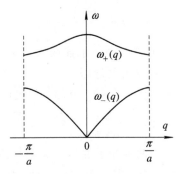

图 3.6 一维双原子链的色散曲线

另外，根据周期性边界条件，还可以对波数 q 作进一步的约束。一维双原子链的周期性边界条件可以写成

$$\mu_{2n} = \mu_{2n+2N} \tag{3.18}$$

即

$$e^{-i2Ndq} = 1$$

$$q = \frac{2\pi}{2Nd}l = \frac{2\pi}{Na}l, \quad (l \text{ 取 } 0 \text{ 或正负整数}) \tag{3.19}$$

这表明对于一维双原子链，波数 q 的取值也是不连续的，而且是均匀分布的，相邻 q 之间的间距均为 $\dfrac{2\pi}{Na}$。结合前面所确定的波数 q 的取值范围为第一布里渊区，就可以得到一维双原子链波数 q 的取值个数为 N，与一维双原子链初基元胞的总数相同。

☞ 3.2.3　声学波与光学波

下面对式(3.16)所表示的一维双原子链的色散关系作进一步的讨论。图 3.6 所示的一维双原子链的色散曲线有两条，属于 $\omega_-(q)$ 的一支称为声学波，而属于 $\omega_+(q)$ 的一支称为光学波。波数 $q \approx 0$ 的长波在许多实际问题中具有非常重要的作用，而声学波和光学波的命名也主要是根据其长波极限的特点，下面就来讨论一维双原子链的长波极限。

1. 声学波

先讨论声学波的长波极限。当 $q \to 0$ 时，根据式(3.16)有：

$$\omega_-^2 \approx \frac{2\beta}{m+M}(qd)^2$$

类似于一维单原子链的讨论，可以只取其正根，即

$$\omega_- \approx d\sqrt{\frac{2\beta}{m+M}}|q| \tag{3.20}$$

式(3.20)表明长声学波的色散关系类似于连续媒质中弹性波的线性色散关系，这也就是为什么称 $\omega_-(q)$ 为声学波的原因。

对于长声学波，当 $q \to 0$ 时，$\omega_- \to 0$，由(3.17)式可得

$$\left(\frac{B}{A}\right)_- \to 1 \tag{3.21}$$

这表明在长声学波时，基元中两种原子的运动完全一致，振幅相同且不存在相位差，换句话说，长声学波反映了基元的整体运动，如图 3.7(a)所示。

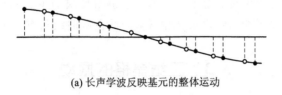

(a) 长声学波反映基元的整体运动

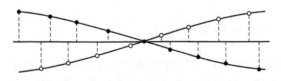

(b) 长光学波反映基元中原子之间的相对运动

图 3.7 长波极限下声学波和光学波反映基元中原子的运动情况

对于长光学波，当 $q \to 0$ 时，根据式(3.16)有：

$$\omega_+ \approx \sqrt{\frac{2\beta}{\left(\dfrac{mM}{m+M}\right)}} \tag{3.22}$$

$$\left(\frac{B}{A}\right)_+ \longrightarrow -\frac{m}{M} \tag{3.23}$$

表明此时 P 原子和 Q 原子的振动存在一个 $180°$ 的相位差，也就是说长光学波反映了基元中不同原子之间的相对运动，如图 3.7(b)所示。

2. 光学波

对于离子晶体，长光学波将导致正负离子之间的相对运动，正负电荷发生分离，即产生一定的电偶极矩，从而可以与电磁波发生相互作用。另外，实际晶体的 $\omega_+(0)$ 一般在 $10^{13} \sim 10^{14}/\text{s}$ 范围内，对应于远红外的光，离子晶体中光学波的共振能够引起对远红外光的强烈吸收，这是红外光谱学中一个重要效应。这也正是 $\omega_+(q)$ 的格波又被称为光学波的原因。关于离子晶体中长光学波的理论，可以参考其他参考书。

根据以上讨论，可以对一维双原子链的振动特点作以下简单总结：

由 N 个初基元胞构成的一维复式晶格，每个基元中含有质量不同的两个原子，晶格振动时将产生 $2N$ 个格波，即自由度为 $2N$，其中 N 个格波属于声学波，N 个格波属于光学波；声学波反映基元的整体运动，而光学波反映基元中不同原子的相对运动；一维双原子链的色散关系仍然是波数 q 的周期函数，因此 q 的取值仍被限定在一个周期以内，即第一布里渊区；由周期性边界条件可知，波数 q 在第一布里渊区的取值仍然是不连续且均匀分布的，取值总数为 N，即初基元胞总数。

通过对比还可以发现，对于一维单原子链所反映的单式晶格，晶格振动时将不会产生反映原子相对运动的光学波，因此色散曲线只有一条声学波。

3.3　三维晶格的振动

☞ 3.3.1　三维晶格振动的特点

根据前两节的讨论，研究三维实际晶格的振动时，仍将采用类似的研究方法，但是其数学推导的过程将是非常复杂甚至难于操作的。好在一维双原子链模型已经比较全面地反映了晶格振动的基本特点，因此本节中将通过简单的对比的方法来论述三维实际晶格的振动特点，即从一维晶格推广到三维晶格，而不经过严格的数学推导证明。

表 3.1 给出了从一维晶格到三维晶格振动的基本特点。

表 3.1　一维到三维晶格振动的特点及基本参数

晶格模型	初基元胞总数	原子总数	格波总数（自由度）	q 取值范围	q 取值个数	色散曲线
一维单原子链	N	N	N	第一布里渊区	N	1 支（1 支声学波）
一维双原子链	N	$2N$	$2N$	第一布里渊区	N	2 支（1 支声学波 1 支光学波）
一维 S 原子链	N	SN	SN	第一布里渊区	N	S 支（1 支声学波 $(S-1)$ 支光学波）
三维单式晶格	N	N	$3N$	第一布里渊区	N	3 支（3 支声学波）
三维 S 晶格	N	SN	$3SN$	第一布里渊区	N	$3S$ 支（3 支声学波 $3(S-1)$ 支光学波）

注：S 表示每个基元中含有 S 个原子。

需要说明的是，当晶格从一维过渡到三维以后，色散曲线将变为色散曲面，只是为了便于描述以及后面的数学计算，通常将三维晶格的色散关系在三维方向上仍看做是曲线。

☞ 3.3.2　格波波矢

对于三维晶体，波数 q 将转变为用矢量表述，即波数矢量（波矢）q。我们可以按照下面简单的转换过程看看三维晶格波矢 q 的特点：

一维：

$$q = \frac{2\pi}{Na}l, \quad (l \text{ 取整数})$$

改用矢量表示为

$$q = \frac{b_1}{N}l$$

其中 $|b_1| = \frac{2\pi}{a}$ 为该方向的最小周期。

过渡到三维：

$$q = \frac{b_1}{N_1}l_1 + \frac{b_2}{N_2}l_2 + \frac{b_3}{N_3}l_3 \quad (l_1、l_2、l_3 \text{ 分别取整数})$$

其中，N_1、N_2、N_3 分别为 b_1、b_2、b_3 方向上初基元胞总数。这时，波矢 q 在倒空间仍然不连续，且均匀分布，波矢 q 的每一个取值点在倒空间所占的体积均相等，即

$$\frac{b_1}{N_1} \cdot \left(\frac{b_2}{N_2} \times \frac{b_3}{N_3}\right) = \frac{\Omega^*}{N} = \frac{(2\pi)^3}{N\Omega} = \frac{(2\pi)^3}{V} \tag{3.24}$$

其中，$N = N_1 \times N_2 \times N_3$ 为整个晶体中初基元胞的总数，$\Omega^* = b_1 \cdot (b_2 \times b_3)$ 为倒格子初基元胞体积，Ω 为初基元胞体积，$V = N\Omega$ 为晶体总体积。

波矢 q 在倒空间这种均匀分布的特点也可以用一个恒定的分布密度的概念了来描述，即

$$q \text{ 点的密度} = \frac{V}{(2\pi)^3} \tag{3.25}$$

☞ 3.3.3 晶格振动谱

格波的色散曲线通常也称为晶格振动谱(也叫格波谱或声子谱)，图 3.8～图 3.10 分别给出了几种晶体的振动谱，图中实线为理论计算结果，而各种点状符号则代表实验数据，图中纵轴均用能量表示。

晶体中原子间相互作用(化学键)的不同必然导致其格波谱上表现出新的特征，如图 3.8 所示单晶硅晶体的格波谱中，由于金刚石结构中每个基元中含有两个原子，因而格波谱中必然存在光学波(纵光学波用 LO 表示，横光学波用 TO 表示)，而且长声学波极限时纵波 LA 与横波 TA 有不同的波速(曲线斜率不同)，长光学波极限时纵波 LO 与横波 TO 有相同的频率(曲线重合)。而对于具有闪锌矿结构的砷化镓晶体，它的格波谱与 Si 很相似(如图 3.9 所示)，只是由于其共价键中含有离子键的成分，$q = 0$ 时纵光学波 LO 和横光学波 TO 的频

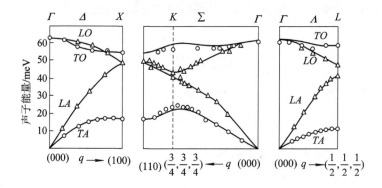

图 3.8　Si 的格波谱

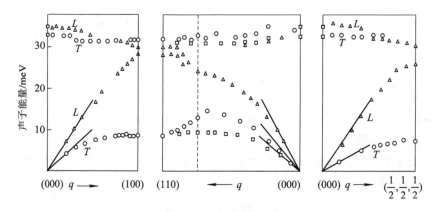

图 3.9　GaAs 的格波谱

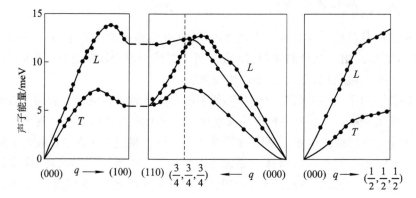

图 3.10　Pb 的格波谱

率是不相同的，而且电离度越大，这两个频率之差也越大。而对于单式晶格，如图 3.10 所示的金属 Pb 的格波谱中，只有声学波而没有光学波。图中某些 q 值附近 $\omega(q)$ 曲线出现扭折（拐点或极值），这是因为对于这些 q 值的格波与金属中电子之间耦合特别强的结果，科恩(Kohn)1959 年曾预言了与此有关的效应，称为科恩异常。

☞ 3.3.4　频率分布函数

有了晶格的散关系 $\omega(q)$ 以后，通常把单位频率间隔内晶格振动模式（格波）的数目称为频率分布函数，也叫晶格振动模式密度或格波态密度，用 $g(\omega)$ 表示。了解这个参数的意义不仅对研究晶体的热学性质很重要，而且，在讨论晶体的某些电学性质、光学性质时，也会用到频率分布函数。

假设晶体有 $3S$ 条色散曲线，对于其中第 i 条色散曲线，一个 q 对应一个 ω，即对应一个格波，则由

$$g_i(\omega) = \lim_{\Delta\omega \to 0} \frac{\Delta Z}{\Delta\omega} \tag{3.26}$$

所定义的频率分布函数中，ΔZ 表示在 $\omega \to \omega + \Delta\omega$ 频率间隔内格波的总数，它就应该等于 ω 和 $\omega + \Delta\omega$ 等频面之间所对应的倒空间中波矢 q 的取值数，即

$$\Delta Z = g_i(\omega)\Delta\omega = \frac{V}{(2\pi)^3}\int_\omega^{\omega+\Delta\omega} d\tau_q = \frac{V}{(2\pi)^3}\int_\omega dS\,dq \tag{3.27}$$

式中，$d\tau_q$ 为 ω 和 $\omega + \Delta\omega$ 等频面之间所对应的倒空间的体积元，它可以表示为 ω 等频面上面积元 dS 与 ω 和 $\omega + \Delta\omega$ 等频面之间垂直距离 dq 的乘积 $dS\,dq$，如图 3.11 所示。

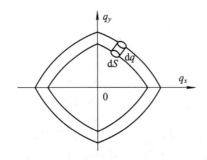

图 3.11　倒空间等频面示意图

显然，因为 $|\nabla_q\omega(q)|$ 表示色散曲线沿法线方向频率的改变率，有

$$dq\,|\nabla_q\omega(q)| = \Delta\omega \tag{3.28}$$

于是，可以得到第 i 条色散曲线对应的频率分布函数为

$$g_i(\omega) = \frac{V}{(2\pi)^3} \int_{\omega} \frac{\mathrm{d}S}{|\nabla_q \omega(\boldsymbol{q})|} \tag{3.29}$$

对于整个晶体，总的频率分布函数为

$$g(\omega) = \sum_{i=1}^{3S} g_i(\omega) \tag{3.30}$$

上面简单的推导过程针对的是一般情况，因而比较抽象，对于具体的晶格，由于色散关系的特殊性，频率分布函数的计算往往可以简化，比如，我们来计算一维单原子链的频率分布函数。

由于是一维情况，波数 q 的密度可以约化为 $\frac{L}{2\pi} = \frac{Na}{2\pi}$，其中 L 为原子链的长度，N 为原子总数，a 为原子间距。于是 $\mathrm{d}q$ 间隔内格波数为 $\frac{Na}{2\pi}\mathrm{d}q$，$\mathrm{d}\omega$ 频率间隔内格波数为

$$\mathrm{d}Z = 2 \times \frac{Na}{2\pi} \frac{\mathrm{d}q}{\mathrm{d}\omega} \mathrm{d}\omega \tag{3.31}$$

等式右边的因子 2 是因为 $\omega(q)$ 是偶函数的缘故，$q>0$ 和 $q<0$ 的区间是完全等价的，如图 3.12 所示。

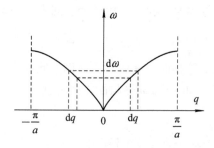

图 3.12　一维单原子链的色散曲线

于是有

$$g(\omega) = \frac{Na}{\pi} \frac{1}{\dfrac{\mathrm{d}\omega}{\mathrm{d}q}} \tag{3.32}$$

这是频率分布函数式(3.29)和式(3.30)在一维情况时的简化形式，根据一维单原子链的色散关系式(3.5)和式(3.9)就可以得到

$$g(\omega) = \frac{2N}{\pi}(\omega_m^2 - \omega^2)^{-\frac{1}{2}} \tag{3.33}$$

其中，$\omega_m = \sqrt{\dfrac{4\beta}{m}}$ 为最大频率。

需要指出的是，从晶体频率分布函数的表达式（3.29）中可以看到，当 $|\nabla_q\omega(q)|=0$ 时，$g(\omega)$ 将出现某种奇异性，因此称 $\nabla_q\omega(q)=0$ 的点为范霍夫奇点，也叫临界点，这时 $g(\omega)$ 将趋于无穷大。对于实际的晶体，频率分布函数曲线中将出现一些尖锐的峰和斜率的突变，这些斜率的突变与临界点（范霍夫奇点）相对应。临界点与晶体对称性有关，常常出现在布里渊区的某些高对称点上，而晶体频率分布函数中出现的临界点的数目，则由晶体的拓扑性质决定。

3.4　声　　子

　　通过前几节的讨论，我们对晶格振动的特点已经有了一个基本的认识：对于一个实际的三维晶体，在简谐近似的前提下，原子振动时将总共产生 $3NS$ 个独立运动的格波，可以将其想象成 $3NS$ 个谐振子的独立振动，这时系统总能量应该等于所有格波能量的线性叠加。但是在本章的一开始我们就已经提到过，原子的运动应该服从量子力学规律，尽管前面的讨论不得不借助于经典的牛顿力学，但是我们必须牢记，在可能的时候对前面的计算结果进行量子力学修正。下面，在我们要求解晶体系统的总能量，进而研究晶体的热性质之前，就先来对前面的一些计算结果进行量子力学修正。

☞ 3.4.1　声子的概念和特征

　　量子力学告诉我们，对于频率为 $\omega(q)$ 的谐振子（格波），其能量是不连续的，只能处于一系列分立的能量状态（能级），即

$$E_n = \left(\frac{1}{2}+n\right)\hbar\omega(q)　　　n=0,1,2,3,\cdots \tag{3.34}$$

其中，$\hbar$ 为普朗克常数，$\hbar\omega(q)$ 为谐振子相邻能量状态之间的能量差，即谐振子的能量量子，称为声子，n 称为声子数，$n=0$ 时谐振子处于基态，$E_0=\frac{1}{2}\hbar\omega(q)$ 称为谐振子的基态能量，也叫零点振动能，n 越大，声子数越多，谐振子能量越高，表明格波受激发的程度越高。

　　可见，一个声子就代表一份能量，它与其他粒子发生相互作用时遵循能量守恒定律，即

$$\hbar\omega_1 + \hbar\omega_2 = \hbar\omega_3 \tag{3.35}$$

　　但是声子不是一种实物粒子，它也不具有通常意义下的动量，因此，声子被称为"准粒子"，并把 $\hbar q$ 称为声子的准动量，与其他粒子发生相互作用时满

足准动量守恒，即

$$\hbar\boldsymbol{q}_1 + \hbar\boldsymbol{q}_2 = \hbar\boldsymbol{q}_3 + \hbar\boldsymbol{G}_h \tag{3.36}$$

其中，$\boldsymbol{G}_h$ 为任意倒格矢。

　　根据上面的讨论，就可以采用声子的概念对晶格振动的问题进行重新描述：晶格振动时产生声子；声学波对应声学声子，光学波对应光学声子；由于频率相同的格波不止一个，但却对应同一种声子，因此声子种类数必然小于 $3NS$；在简谐近似下，各格波之间相互独立，表明声子之间无相互作用，整个晶体可以看做是一个无相互作用的声子气系统。

☞ 3.4.2　平均声子数

　　由于三维晶格中频率为 $\omega(\boldsymbol{q})$ 的谐振子（格波）有很多，而每一个格波是独立的，而且受激发的程度可能不同，因此可以根据热力学统计理论直接写出频率为 $\omega(\boldsymbol{q})$ 的谐振子的统计平均能量，即

$$\overline{E}(\omega, T) = \frac{1}{2}\hbar\omega + \frac{\sum\limits_{n_i} n_i \hbar\omega e^{-n_i\hbar\omega/k_B T}}{\sum\limits_{n_i} e^{-n_i\hbar\omega/k_B T}} \tag{3.37}$$

令 $\beta = \dfrac{1}{k_B T}$，上式可写成

$$\overline{E}(\omega, T) = \frac{1}{2}\hbar\omega - \frac{\partial}{\partial\beta}\sum_{n_i} e^{-n_i\beta\hbar\omega} \tag{3.38}$$

对数中的连加式是一个几何级数，简单求和为：

$$\sum_{n_i} e^{-n_i\beta\hbar\omega} = \frac{1}{1 - e^{-\beta\hbar\omega}}$$

于是

$$\begin{aligned}
\overline{E}(\omega, T) &= \frac{1}{2}\hbar\omega + \frac{\hbar\omega e^{-\beta\hbar\omega}}{1 - e^{-\beta\hbar\omega}} = \frac{1}{2}\hbar\omega + \frac{\hbar\omega}{e^{\hbar\omega/k_B T} - 1} \\
&= \left(\frac{1}{2} + \frac{1}{e^{\hbar\omega/k_B T} - 1}\right)\hbar\omega \\
&= \left(\frac{1}{2} + \bar{n}(\omega)\right)\hbar\omega
\end{aligned} \tag{3.39}$$

其中，k_B 为玻尔兹曼常数，T 为绝对温度，$\bar{n}(\omega) = \dfrac{1}{e^{\hbar\omega/k_B T} - 1}$ 称为频率为 $\omega(\boldsymbol{q})$ 的谐振子（格波）的平均声子数，可以看到，平均声子数是频率和温度的函数，温度一定时，频率越高的格波产生的声子数越少，表明高能量的格波不易激发；而对于频率确定的格波，温度越高，声子数越多，表明格波激发的程度越高。

$T \to 0$ 时，$\bar{n}(\omega) \to 0$，即没有声子产生，也就是格波被冻结（或者说处于基态）。当声子能量 $\hbar\omega = k_B T$ 时，$\bar{n}(\omega) \approx 0.6$，通常以此为界限，定性地认为 $\bar{n}(\omega) \geqslant 0.6$ 的格波已处于激发态，即只有 $\hbar\omega \leqslant k_B T$ 的格波在温度 T 时才能被激发。因此，平均声子数 $\bar{n}(\omega) = \dfrac{1}{e^{\hbar\omega/k_B T} - 1}$ 是反映格波激发程度的一个重要参数。

3.5　晶格振动谱的实验测定

格波的色散关系也称为晶格振动谱（格波谱或声子谱）$\omega(\boldsymbol{q})$，是研究晶格振动问题，解释晶体热现象以及其他宏观性质的基础，因此晶格振动谱的实验确定在晶格振动理论中具有非常重要的意义。实验中一般是通过中子、光子、X 射线等与晶格的非弹性散射来测定晶格振动谱的，它们的原理基本相同，下面仅作简单的介绍。

☞ 3.5.1　实验原理

假设入射粒子的频率和波矢分别为 ω_s 和 $\boldsymbol{q}_s$，与晶格相互作用后得到的散射波的频率和波矢分别用 ω'_s 和 $\boldsymbol{q}'_s$ 表示，显然，在这一过程中将满足能量守恒和准动量守恒，即

$$\hbar\omega'_s = \hbar\omega_s \pm \hbar\omega_q \tag{3.40}$$

$$\hbar\boldsymbol{q}'_s = \hbar\boldsymbol{q}_s \pm \hbar\boldsymbol{q} + \hbar\boldsymbol{G}_h \tag{3.41}$$

式中，ω_q 和 $\boldsymbol{q}$ 分别表示晶体中声子（格波）的频率和波矢，$\boldsymbol{G}_h$ 为任意倒格矢，$\pm$ 号表示入射粒子经过晶体后吸收（加号）或放出（减号）一个声子。在这一过程中，如果吸收或放出的声子为声学声子，则称为布里渊散射（Brillouin Sacttering），当声子为光学声子时则称为拉曼散射（Raman Scattering）。

于是，在给定入射粒子的频率 ω_s 和波矢 $\boldsymbol{q}_s$ 时，在不同方向（即对应 $\boldsymbol{q}'_s$ 的方向）上测出反射波的频率 ω'_s，就可根据式（3.40）求出晶格中格波的频率 ω_q；再由 $\boldsymbol{q}'_s$ 和 $\boldsymbol{q}_s$ 的大小和方向，求出格波波矢 $\boldsymbol{q}$ 的大小和方向，最终就可确定出晶体的整个声子谱 $\omega(\boldsymbol{q})$。

从式（3.40）和式（3.41）中还很容易看到，为了精确测量入射粒子经晶格散射以后能量和动量的变化，就要求入射粒子的频率和波矢尽可能与晶格中的声子相当。对于 X 射线而言，尽管它的波矢大小可以与晶格常数相比，很合适，但是 X 射线光子的能量（KeV 量级）比晶体中格波的能量（一般在 meV 量级）大得多，很难精确测量 X 射线经晶格散射以后能量的变化，因此，X 射线法在晶

格振动理论的研究中已经逐渐被放弃，而被光子散射和中子散射所取代。

☞ 3.5.2　光子散射

晶体在红外波段（10 μm～100 μm）具有红外吸收峰，这是光子与晶格振动相互作用的结果。这时，光子的波矢与晶体布里渊区的大小相比，仍然很小，光子与声子相互作用时所满足的动量守恒关系式(3.41)主要体现在布里渊区中心附近，即 $G_h=0$，且 q 很小（对应长波近似）。因此，采用红外光散射主要是测定晶体中的长波。

这时，光波的频率 ω_s、波矢 q_s 与晶体折射率 n 之间的关系为

$$\omega_s = \frac{c}{n}q_s \tag{3.42}$$

式中，c 为真空中的光速。而晶体中长波声子的频率与波矢间的关系为

$$\omega = vq \tag{3.43}$$

其中，v 为晶体长波的波速度。

于是，根据式(3.40)和式(3.41)就可以得到光子与晶体中长波声子相互作用时满足的矢量关系为

$$q_s' - q_s = \pm q \tag{3.44}$$

图 3.13 中示意地画出了这三个矢量之间的关系，图中 θ 为散射波与入射波之间的夹角，称为散射角，为简单起见，图中只画出了 $+q$ 的情况。对于长波，q 很小，因而有 $q_s' \approx q_s$，$\hbar\omega_s' \approx \hbar\omega_s$，图 3.13 中的三角形近似为等腰三角形，光子可以被认为是弹性散射。于是，长波声子波矢 q 的大小可以近似地按下式求出：

$$q = 2q_s \sin\frac{\theta}{2} \tag{3.45}$$

而波矢 q 的方向由光子入射方向与散射方向，即 $(q_s'-q_s)$ 的方向确定，再结合式(3.43)就可以得到散射方向上晶格长声学波的频谱：

$$\omega = \omega(q) \tag{3.46}$$

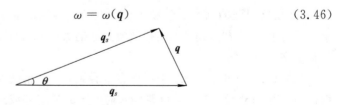

图 3.13　光子散射时波矢之间的关系

从上面的讨论中不难发现，无论是光子散射中的布里渊散射或者是拉曼散射，都只能确定晶体中 q 很小的长波声子（长声学波声子和长光学波声子），而

对于 q 较大的短波声子，则必须选择波长更短的入射粒子。近年来中子技术的发展使得中子散射法已经成为研究晶格振动谱的重要实验手段。

☞ 3.5.3 中子散射

设中子的质量为 m_n，入射中子和散射中子的动量分别为 $\boldsymbol{P}$ 和 $\boldsymbol{P}'$，中子与晶体中声子相互作用时满足的能量守恒和动量守恒关系式(3.40)和式(3.41)应该相应地改写为

$$\frac{\boldsymbol{P}'^2 - \boldsymbol{P}^2}{2m_n} = \pm \hbar\omega \tag{3.47}$$

$$\boldsymbol{P}' - \boldsymbol{P} = \pm \hbar(\boldsymbol{q} + \boldsymbol{G}_h) \tag{3.48}$$

式(3.47)和式(3.48)中的加号表示中子经晶格散射以后吸收一个声子的能量，减号表示释放一个声子的能量。由式(3.47)和式(3.48)很容易计算出晶体中声子的频率和波矢分别为

$$\omega = \frac{\left| \boldsymbol{P}'^2 - \boldsymbol{P}^2 \right|}{2m_n \hbar} \tag{3.49}$$

$$\left| \boldsymbol{q} + \boldsymbol{G}_h \right| = \frac{1}{\hbar} \left| \boldsymbol{P}' - \boldsymbol{P} \right| \tag{3.50}$$

值得说明的是，由于晶格的周期性

$$\omega(\boldsymbol{q}) = \omega(\boldsymbol{q} + \boldsymbol{G}_h) \tag{3.51}$$

晶体中声子波矢 q 的取值被限定在第一布里渊区，第一布里渊区以外的波矢并没有反映晶格振动的新特点，因此可以通过一个不等于 0 的倒格矢 $\boldsymbol{G}_h$ 确定出其对应的第一布里渊区的取值 $\boldsymbol{q}$。于是对式(3.50)可以作以下讨论：对于中子动量 $\boldsymbol{P}$ 和 $\boldsymbol{P}'$ 较小的小角度散射(散射角 θ 较小)，$\boldsymbol{G}_h = 0$；对于中子动量 $\boldsymbol{P}$ 和 $\boldsymbol{P}'$ 较大且散射角 θ 较大的散射，$\boldsymbol{G}_h \neq 0$。

于是，通过式(3.49)和式(3.50)求出晶体中声子的频率和波矢的大小，再由 $\boldsymbol{P}$ 和 $\boldsymbol{P}'$ 的夹角(散射角 θ)确定出波矢的方向，就可以确定出晶体沿某方向的振动谱 $\omega(\boldsymbol{q})$。实验中通过改变入射中子的能量、晶体的取向以及探测的方向，最终就可以测出晶体的整个声子谱，图 3.8～图 3.10 给出的几种实际晶体的声子谱中的数据点就是通过这种方法得到的。

3.6 晶格热容的量子理论

前面的讨论都是基于简谐近似，这时三维晶格中总共形成了 $3NS$ 个独立运动的格波，经量子力学修正后实际晶格可以看做是一个无相互作用的声子气

系统。那么简谐近似是否合理就要看它能不能很好地解释实验现象和实验规律。研究结果表明，简谐近似既有其成功之处，也有其局限性。它最大的成功之处就是很好地解释了晶格热容及其实验规律，而它的局限性则表现在无法按照简谐近似解释晶体的热膨胀和热传导现象。下面首先来看看简谐近似的成功之处，即晶格热容的相关理论。

☞ 3.6.1　晶格热容

　　晶体热容通常指晶体的定容热容，即单位质量的晶体在定容（体积不变）过程中，温度每升高一度时系统内能的增加量，即

$$C_V = \left(\frac{\partial \overline{E}}{\partial T}\right)_V \tag{3.52}$$

式中，C_V 为晶体的定容热容，$\overline{E}$ 为晶体的平均内能，T 为绝对温度，V 为晶体体积。

　　晶体的热容可以来源于两部分，一部分来源于晶格热振动，称为晶格热容；另一部分来源于电子的热运动，称为电子热容。通常情况下，电子热运动对晶体热容的贡献可以忽略。因此，本节中讨论的晶格热容就近似等于晶体热容。关于电子热运动对热容的贡献将在后面能带理论部分讨论。

　　下面先对晶格热容 C_V 作简单推导。

　　根据频率为 ω 的格波的平均能量表达式（3.39）和晶格频率分布函数 $g(\omega)$，可以得到晶格热容的表达式为

$$
\begin{aligned}
C_V(T) &= \left(\frac{\partial \overline{E}}{\partial T}\right)_V \\
&= \frac{\partial}{\partial T}\int_0^{\omega_D} \overline{E}(\omega,\,T)g(\omega)\,\mathrm{d}\omega \\
&= \frac{\partial}{\partial T}\int_0^{\omega_D} \left(\frac{1}{2}+\frac{1}{\mathrm{e}^{\hbar\omega/k_B T}-1}\right)\hbar\omega g(\omega)\,\mathrm{d}\omega \\
&= \int_0^{\omega_D} k_B \left(\frac{\hbar\omega}{k_B T}\right)^2 \frac{\mathrm{e}^{\hbar\omega/k_B T}}{(\mathrm{e}^{\hbar\omega/k_B T}-1)^2}g(\omega)\,\mathrm{d}\omega
\end{aligned}
\tag{3.53}
$$

其中，ω_D 为晶格振动允许的最高频率，也叫德拜频率或截止频率，频率分布函数 $g(\omega)$ 的表达式如式（3.29）和式（3.30）所示。另外，式（3.53）中还存在一个隐含的已知条件，那就是晶格中总的格波数是确定的，即

$$\int_0^{\omega_D} g(\omega)\,\mathrm{d}\omega = 3NS \tag{3.54}$$

　　从上面的推导过程不难看出，对于任何一种具体的晶体材料，只要知道了它的色散关系 $\omega(\boldsymbol{q})$ 的具体表达式，就可以计算出它的晶格热容 C_V。然而，实际

情况却是，研究一种晶体材料的热性质时，它的色散关系往往也是未知的，这就陷入到了一种通过未知量求解未知量的困境中。在这方面，爱因斯坦(Einstein)和德拜(Debye)两位科学家做出了重要的贡献。

☞ 3.6.2　爱因斯坦模型

爱因斯坦的主要研究领域是光学，他发现所有材料的光学支都很窄，即光学格波的频率分布范围很小，于是他大胆假设，晶格中所有格波都以相同频率 ω_E（称为爱因斯坦频率）独立振动。这样的话，晶格系统总的平均内能就简化为 $3NS$ 个完全相同的格波能量的简单求和，晶格热容 C_V 的计算因此得以大大简化。

$$
\begin{aligned}
C_V(T) &= \left(\frac{\partial \overline{E}}{\partial T}\right)_V \\
&= \frac{\partial}{\partial T}\sum_{i=1}^{3NS}\overline{E}(\omega_E,\ T) \\
&= 3NSk_B\left(\frac{\hbar\omega_E}{k_BT}\right)^2\frac{e^{\hbar\omega_E/k_BT}}{(e^{\hbar\omega_E/k_BT}-1)^2} \\
&= 3NSk_B\left(\frac{\theta_E}{T}\right)^2\frac{e^{\theta_E/T}}{(e^{\theta_E/T}-1)^2}
\end{aligned}
\tag{3.55}
$$

式中，$\theta_E = \dfrac{\hbar\omega_E}{k_B}$ 称为爱因斯坦温度。

☞ 3.6.3　德拜模型

德拜主要研究低温物理，他发现低温时晶体材料的物理性质与常温有很大不同，低温时晶体能量很低，频率较高的光学格波基本都被冻结，而只有频率很低的声学格波才有可能被激发，于是他大胆假设，晶体为各向同性的连续媒质，晶体中不存在光学格波，而只有声学格波（即假定晶体为单式晶格）。这时，晶体中只有三支声学波，具有线性色散关系，且斜率都相同，即

$$\omega = \upsilon_0 q, \quad \upsilon_0 \text{ 为波速}$$

$$\nabla\omega(q) = \upsilon_0$$

这时，三维单式晶格的频率分布函数可表示为

$$
g(\omega) = \sum_{i=1}^{3}\frac{V}{(2\pi)^3}\int_\omega\frac{\mathrm{d}S_\omega}{\upsilon_0} = \frac{3V}{(2\pi)^3}\frac{4\pi q^2}{\upsilon_0} = \frac{3V}{2\pi^2}\frac{\omega^2}{\upsilon_0^3}
\tag{3.56}
$$

于是可以根据式(3.53)求得晶格热容

$$C_V(T) = \int_0^{\omega_D} k_B \left(\frac{\hbar\omega}{k_B T}\right)^2 \frac{e^{\hbar\omega/k_B T}}{(e^{\hbar\omega/k_B T} - 1)^2} \frac{3V}{2\pi^2} \frac{\omega^2}{v_0^3} \, d\omega \qquad (3.57)$$

作变量代换，设 $x = \dfrac{\hbar\omega}{k_B T}$，则 $d\omega = \dfrac{k_B T}{\hbar} dx$，积分下限 $\omega = 0$ 时，$x = 0$，积分上限

$\omega = \omega_D$ 时，$x = \dfrac{\hbar\omega_D}{k_B T} = \dfrac{\theta_D}{T}$，$\theta_D = \dfrac{\hbar\omega_D}{k_B}$ 称为德拜温度，则

$$
\begin{aligned}
C_V(T) &= \int_0^{\theta_D/T} k_B x^2 \frac{e^x}{(e^x - 1)^2} \frac{3V}{2\pi^2} \frac{(k_B T)^3 x^2}{\hbar^3 v_0^3} dx \\
&= \frac{3V}{2\pi^2} \frac{k_B (k_B T)^3}{\hbar^3 v_0^3} \int_0^{\theta_D/T} \frac{x^4 e^x}{(e^x - 1)^2} \, dx \qquad (3.58)
\end{aligned}
$$

另由

$$\int_0^{\omega_D} g(\omega) \, d\omega = 3NS \Rightarrow \frac{3V}{2\pi^2} \frac{\omega_D^3}{3v_0^3} = 3NS$$

对式(3.58)作进一步整理，得到

$$C_V(T) = 9NSk_B \left(\frac{T}{\theta_D}\right)^3 \int_0^{\theta_D/T} \frac{x^4 e^x}{(e^x - 1)^2} \, dx \qquad (3.59)$$

对于单式晶格，$S = 1$，此处保留参数 S 是为了便于与爱因斯坦模型形成明显的对照。

☞ 3.6.4　两种模型的比较

得到了爱因斯坦和德拜关于晶格热容的表达式以后，下面来分析这两种模型与实验结果的符合情况。

关于晶格热容的实验规律主要有两条，正好对应高温极限和低温极限两种情况：一个是杜隆-柏替定律，即高温时晶格热容为常数；另一个是德拜定律，即低温时晶格热容与温度 T^3 成正比。

高温极限时，对于爱因斯坦模型，$T \gg \theta_E$，$\dfrac{\theta_E}{T} \to 0$，$e^{\theta_E/T} \to 1 + \dfrac{\theta_E}{T} \to 1$，由式 (3.55)可得

$$C_V(T) = 3NSk_B \quad (\text{常数}) \qquad (3.60)$$

对于 1 mol 同种原子构成的单式晶格，$C_V(T) = 3N_0 k_B = 3R$，其中 N_0 为阿佛加德罗常数，R 为气体常数。

对于德拜模型，$T \gg \theta_D$，$\dfrac{\theta_D}{T} \to 0$，$e^{\theta_D/T} \to 1 + \dfrac{\theta_D}{T} \to 1$，由式(3.47)可得

$$C_V(T) = 9NSk_B \left(\frac{T}{\theta_D}\right)^3 \int_0^{\theta_D/T} x^2 \, dx = 3NSk_B \quad (\text{常数})$$

这表明高温极限时爱因斯坦模型和德拜模型都是正确的，都与实验结果非常符合。

低温极限时，对于爱因斯坦模型，$T \ll \theta_E$，式(3.43)中$\dfrac{\theta_E}{T} \to \infty$，$\dfrac{\mathrm{e}^{\theta_E/T}}{(\mathrm{e}^{\theta_E/T}-1)^2} \approx$ $\mathrm{e}^{-\theta_E/T} \to 0$，由于指数项的变化更快，因而 $C_V(T)$总体上趋于 0；而对于德拜模型，$T \ll \theta_D$，式(3.59)中的积分变成定积分，由于积分项均具有明确的物理意义，因此该定积分必然是收敛的，积分结果为一个确定的常数 A（$\displaystyle\int_0^\infty \dfrac{x^4\,\mathrm{e}^x}{(\mathrm{e}^x-1)^2}\,\mathrm{d}x = \dfrac{4}{15}\pi^4$，对同学们而言，不必纠缠在该积分的求解过程上，能够通过物理分析，确定它收敛可积就行），因此

$$C_V(T) \to 9NSk_B A \left(\frac{T}{\theta_D}\right)^3 \propto T^3$$

通过上面的对比可以发现，低温极限时，爱因斯坦模型的晶格热容随温度进一步下降而趋于 0 的趋势是正确的，但德拜模型的定量关系更准确。爱因斯坦模型误差较大的原因是，该模型假设晶体中所有格波均以相同的频率振动，这是一个过于简单的假设。而德拜模型则考虑了频率分布，尤其是低温时，只有频率很低（波矢很小）的长声学波才能被激发，这时晶体相当于是一种连续媒质，而晶格热容对频率（或者说温度）的变化更敏感，这就是德拜模型精度更高的原因。

综上所述，可得出爱因斯坦模型和德拜模型的适用范围的简单总结：高温时采用爱因斯坦模型更简单，低温时采用德拜模型更准确。关于这两种模型更深入的讨论，可以参考其他相关著作。

3.7　晶体的非简谐效应　热膨胀和热传导

前几节关于晶格振动理论的讨论，都是建立在简谐近似的基础上的，即假设晶体中原子间内能函数的泰勒展开式只保留到二阶项，而忽略高阶项的作用。这时得到的相关结论包括：晶格振动时将产生 $3NS$（N 为晶体初基元胞总数，S 为基元中包含的原子数）个独立运动的格波；所有格波的角频率和波矢满足确定的色散关系；根据量子力学理论，格波的能量是不连续的，只能处于一系列分离的能量状态（能级），相邻能级间的能量差（能量量子）称为一种声子，声子数反映格波受激发的程度；整个晶体相当于一个无相互作用的声子气系统。按照这些理论，我们成功建立了晶格热容的量子理论，并对相关的实验规律进行了很好的解释。

但是，简谐近似的不足之处（局限性）也是很明显的，按照简谐近似，将无法解释晶体的热膨胀现象，而且，当不考虑声子之间的相互作用（能量交换）时，晶体也将不存在热传导现象。

☞ 3.7.1　非简谐效应

在晶体中原子间内能函数 $U(r)$ 在平衡间距 $r=r_0$ 处的泰勒展开式中，只保留到二阶项就是简谐近似，而三阶以上的高阶项统称为非简谐项。简谐近似时，如图 3.14 中的虚线所示，是关于 $r=r_0$ 完全对称的抛物线形状，温度升高时，晶体内能增加，但是 r_0 左侧对应的原子间的斥力与 r_0 右侧对应的原子间的引力始终保持平衡，因此原子间平衡间距 $r=r_0$ 始终保持不变，即不存在热膨胀现象。只有在非简谐项的作用（非简谐效应）下，原子间内能曲线变成如图 3.13 中实线所示的非对称形状，温度升高，晶体内能增加时，r_0 左侧对应的原子间斥力的增加比 r_0 右侧对应的原子间引力快得多，引起原子间的排斥作用，宏观表现即为热膨胀现象。

$$U(r) = \underbrace{U(r_0) + \frac{\mathrm{d}U(r)}{\mathrm{d}r}\bigg|_{r=r_0}(r-r_0) + \frac{1}{2}\frac{\mathrm{d}^2 U(r)}{\mathrm{d}^2 r}\bigg|_{r=r_0}(r-r_0)^2 +}_{\text{简谐近似}}$$

$$\underbrace{\frac{1}{(n-1)!}\frac{\mathrm{d}^{(n-1)}U(r)}{\mathrm{d}^{(n-1)}r}\bigg|_{r=r_0}(r-r_0)^{(n-1)} + \cdots}_{\text{非简谐项}}$$

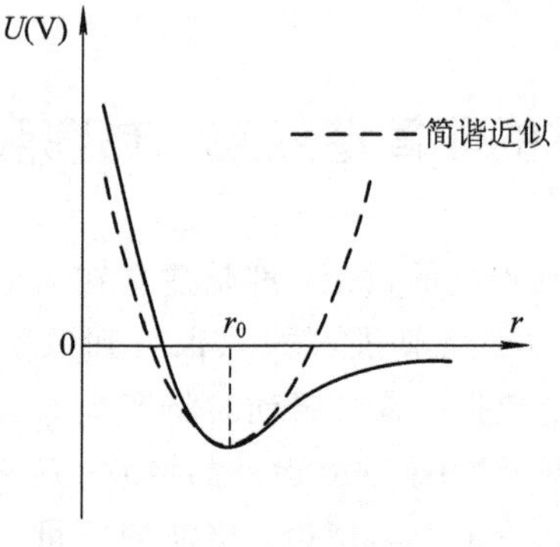

图 3.14　原子间内能曲线（虚线表示简谐近似）

可见，非简谐项反映了晶体中原子间的相互作用，即格波间的相互作用（或者说声子间的相互作用）。当晶体中温度分布不均匀时，表示不同区域原子振动的剧烈程度不同，或者说反映格波激发程度的声子数不同，于是，声子在浓度梯度的作用下会发生定向扩散运动，或者说由于声子间的相互作用而发生能量交换，从而引起晶体中能量从高温端向低温端传递，这就是晶体的热传导。

☞ 3.7.2　晶格热导率

实验表明，晶体热传导时，能流密度与晶体中温度的梯度成正比，即

$$j_\theta = -\kappa \frac{\mathrm{d}T}{\mathrm{d}x} \tag{3.61}$$

式中，j_θ 为能流密度，定义为单位时间内通过单位截面积的能量，x 表示存在温度梯度的方向，也就是能量传递的方向，κ 称为热传导系数或热导率，负号表示能量从高温端流向低温端。

当把晶体看做是声子气系统时，晶体中依靠声子间的相互作用而传递能量的这种过程就与密闭容器中气体分子的热传导过程非常相似，因此，完全可以根据气体分子运动论的相关理论直接得到晶体热导率的表达式，只需把其中的气体参数改为晶格或声子的参数即可，于是

$$\kappa = \frac{1}{3} C_V \lambda \upsilon_0 \tag{3.62}$$

式中，C_V 为晶格的定容热容，λ 为声子平均自由程，υ_0 为声子的平均运动速度（即格波波速度）。

下面讨论影响晶格热导率的主要因素。

☞ 3.7.3　N 过程和 U 过程

在非简谐效应下，晶体中格波之间不再是相互独立的，相当于声子间可以发生相互作用，即碰撞。作为一种准粒子，声子之间的碰撞满足能量守恒和准动量守恒，考虑三声子过程时，有

$$\hbar\omega(\boldsymbol{q}_1) + \hbar\omega(\boldsymbol{q}_2) = \hbar\omega(\boldsymbol{q}_3)$$
$$\hbar\boldsymbol{q}_1 + \hbar\boldsymbol{q}_2 = \hbar\boldsymbol{q}_3 + \hbar\boldsymbol{G}_h \tag{3.63}$$

其中波矢 $\boldsymbol{q}$ 的方向表示声子的运动方向，即能量的传递方向。按照前面的讨论，晶体中格波波矢 $\boldsymbol{q}$ 均被限定在第一布里渊区。于是，在式(3.63)中，当 $\boldsymbol{q}_1$、$\boldsymbol{q}_2$、$\boldsymbol{q}_3$ 均在第一布里渊区且满足矢量运算法则时，$\boldsymbol{G}_h = 0$，如图 3.15(a)所示，将声子的这种碰撞过程称为正常过程(Normal Processes)或 N 过程。显然，N 过程只是改变了动量的分布，并没有改变能量的传递方向。而当 $\boldsymbol{q}_1$、$\boldsymbol{q}_2$ 在第一布里渊区，但 $\boldsymbol{q}_1 + \boldsymbol{q}_2$ 已经出了第一布里渊区时，就必须通过一个特定的 $\boldsymbol{G}_h \neq 0$（$\boldsymbol{G}_h$ 是唯一确定的）将其移回第一布里渊区，即确定第一布里渊区中对应的 $\boldsymbol{q}_3$，

如图 3.15(b)所示，由派尔斯(Peierls)发现的声子间的这种碰撞过程被称为翻转过程(Umklapp Processes)，也叫做 U 过程或倒逆过程。显然，在 U 过程中，不仅动量分布发生了改变，而且能量传递方向也发生了很大的变化，即两个同方向运动的声子，碰撞后能量反而向回传播，这也就是它被称为翻转过程或倒逆过程的原因，这是周期性晶格中的一个特有现象。U 过程是不利于热传导的，或者说是形成热阻的一个主要原因。从图 3.15 中还不难发现，对于 $|q|$ 较大的声子，容易发生 U 过程。

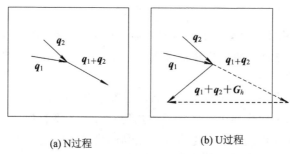

(a) N 过程　　　　　　　　　　(b) U 过程

图 3.15　N 过程和 U 过程

下面再来比较一下晶格中声学格波和光学格波对热导率的贡献。显然：

(1) 声学波对应的频率(或者说能量)低于光学波，因此首先激发的是声学波，且声子数量大，对晶格热容的贡献大，因而有利于热传导。

(2) 声学波色散曲线的梯度(即波速度)大于光学波，有利于热传导。

(3) 光学波激发时，首先激发大 $|q|$ 的声子，容易发生 U 过程，不利于热传导。

可见，声学格波对热导率的贡献大于光学格波。一般来讲，由于单式晶格(比如很多金属材料)中不存在光学波，因此，其热导率大于复式晶格。而对于某些特殊的复式晶格材料(如蓝宝石晶体)，由于其色散关系中光学支对应的频率较高，在一定的温度范围内，光学格波均被冻结，因而也可以获得很高的热导率。

☞ **3.7.4　晶格热导率随温度的变化**

现在，我们定性地讨论一下晶格热导率随温度的变化规律。

首先，从晶格热导率的表达式(3.62)中可以看到，声子的平均运动速度 v_0 由晶格色散曲线的梯度确定，可以认为是一个与温度无关的量，因此，温度变化时影响热导率的主要参数就是晶格热容 C_V 和声子平均自由程 λ。高温时，按照前面的讨论，晶格热容 C_V 将变成与温度无关的常数，而平均声子数 $\bar{n}(\omega) =$

$\dfrac{1}{e^{\hbar\omega/k_BT}-1}\approx\dfrac{k_BT}{\hbar\omega}$，与温度成正比，因此，随温度的升高，晶体中声子总数增大，声子密度提高，碰撞概率增大，声子平均自由程减小，从而导致高温时晶格热导率随温度的进一步升高而下降。中低温时，晶格热容将从与温度无关的常数变为随温度的 3 次方成正比，即随着温度的下降而下降，而这时由于声子总数随温度下降而下降，其碰撞概率下降导致声子平均自由程增大，这两种因素的综合影响将导致晶格热导率在中间温度区出现拐点(极值)。极低温时，声子总数的进一步减小使得平均自由程继续增大，但是受到晶体尺寸的限制(声子在晶体中被表面碰撞而弹回)而变为常数，于是晶格热导率仅随晶格热容的减小而减小。

　　因此，晶格热导率随温度的总的变化规律就是，随温度升高，晶格热导率先增大后减小，在中间温度区将出现最大值。图 3.16 给出了 LiF 晶体热导率随温度变化的实验结果，同时从图中还可以看到，在低温端，样品尺寸对热导率的影响变得更加明显。另外，晶体中存在的各种缺陷，以及晶体的结晶质量等，都会对声子产生一定的散射作用，使得声子平均自由程变小，进而使晶体热导率下降。比如图 3.17 中可以看到杂质(一种缺陷)含量对晶体热导率的明显影响，而从图 3.18 也很容易看到，合金材料的热导率总是低于任何一种单纯晶体材料的热导率。

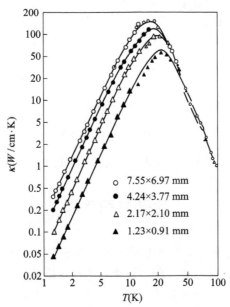

图 3.16　LiF 晶体热导率随温度的变化曲线

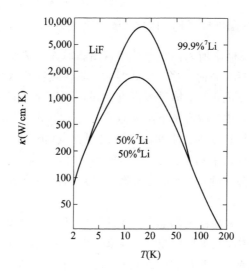

图 3.17　杂质含量对 LiF 晶体热导率的影响

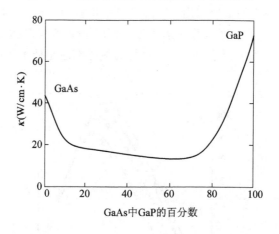

图 3.18　$GaAs_{1-x}P_x$ 合金材料的热导率

习题与思考题

　　1. 在一维双原子链中，如果基元中两个原子的质量不同，且原子间距 $d \neq a/2$，试按照第 3.2 节的思路重新讨论该原子链的振动情况。

　　2. 上题中如果基元中两个原子质量相同，且 $d = a/2$，则情况会发生怎样的变化？

　　3. 假定一维双原子链中两种原子的质量相等，且 $d = a/2$，但原子间弹性

系数交替地等于 β 和 10β，试计算 $q=0$ 和 $q=\pi/a$ 处的 $\omega(q)$，并定性地画出其色散关系草图。这种晶格模型对应实际中的什么情况？

　　4. 试求一维单原子链的频率分布函数 $g(\omega)$，如果采用德拜模型，结果又会怎样？

　　5. 仿照 3.5 节的思路，试计算二维晶格的热容 C_V，并讨论其高低温极限。

　　6. 试根据德拜模型求三维晶体的零点振动能。

　　7. 根据德拜模型求高低温极限时三维晶体中的声子总数，试分析低温极限时晶格热容与晶体中声子总数之间的关系。

　　8. 晶格振动时晶体中所有原子的最大振幅是否都相等？

　　9. 引入周期性边界条件的理由是什么？

　　10. $T=0\,\mathrm{K}$ 时晶格中是否还存在格波？是否还存在声子？

　　11. 晶体中声子数是否守恒？

　　12. 温度一定时，光学格波中的声子数是否大于声学格波？

　　13. 低温时爱因斯坦模型误差较大的原因是什么？

　　14. 低温时是否可以不考虑光学格波对热容的贡献？

第 4 章 能 带 理 论

能带理论主要研究固体中电子运动的特点和基本规律，以及与之相关的包括晶体的电学、磁学等的性质。能带理论研究中有许多与晶格振动理论相对应的内容，学习中应该多加联系和体会。比如，晶格振动的主要形式是格波，而晶体中电子的运动也具有波的形式(电子波)；晶体中格波角频率与波矢之间满足特定的关系，即色散关系，而晶体中电子运动的能量与电子波矢之间也具有特定的关系，称之为能带或能带结构；由于晶格的周期性，格波波矢 q 的取值被限定在第一布里渊区且均匀分布，同样，电子波矢(用 k 表示，以示区别)也被限定在第一布里渊区且均匀分布；研究晶体热性质时引入了一个重要的参数，即频率分布函数(格波态密度或晶格振动模式密度)$g(\omega)$，而研究晶体的电学性质时也会引入一个重要参数，即能态密度，用 $g(E)$ 表示；等等。当然，在注意这些相似性的同时，更要关注它们之间的差异。比如，研究晶格振动和电子运动的出发点就有着根本的不同。众所周知，原子和电子都属于微观粒子，波动性是其主要的运动表现形式，但是在研究晶格振动时，不得不借助于经典的牛顿力学，就是因为量子力学中还没有与之类似的物理模型，而在求解晶体中电子的运动时正好相反，经典力学中也没有与之相类似的物理模型，我们又不得不求助于量子力学，于是就必须对晶体中电子运动这一复杂的多体问题以及复杂的受力过程进行等效和近似，使之接近于恒定势场中的自由电子模型或者氢原子中的单电子模型，从而使问题可解，这就是后面将要提到的能带理论中的一个重要模型——单电子近似。

下面先从大家所熟悉的知识入手，对周期性晶格中电子运动的基本特征作一些简单而定性的讨论，好让读者对其先有一个感性的认识。

4.1 晶体中电子的共有化运动

☞ 4.1.1 真空自由电子

真空自由电子的运动特征是大家比较熟悉的内容，以一维情况为例，恒定

势场中自由电子所服从的定态薛定谔方程为

$$-\frac{\hbar^2}{2m_0}\frac{\mathrm{d}^2}{\mathrm{d}x^2}\psi(k,\ x)+V\psi(k,\ x)=E\psi(k,\ x) \tag{4.1}$$

式中，m_0 为电子静止质量，$\hbar$ 为普朗克常数，k 为电子波数，E 为电子能量，V 为恒定势场(可将其设为参考电势，即令 $V=0$，它只影响电子的能量，而不影响电子运动的特点)。这时方程(4.1)的解，即真空自由电子的波函数是一个简单的平面波：

$$\psi(k,\ x)=A\mathrm{e}^{ikx} \tag{4.2}$$

考虑时间相关性时，则需要求解非定态薛定谔方程，这时电子的波函数为

$$\psi(k,\ x)=A\mathrm{e}^{i(kx-\nu t)} \tag{4.3}$$

其中，A 为振幅，ν 为电子波的角频率。

根据波粒二象性，真空自由电子的动量和能量分别具有下面的表达式：

$$P=m_0\upsilon_x=\hbar k \tag{4.4}$$

$$E=\frac{1}{2}m_0\upsilon_x^2=\hbar\nu=\frac{P^2}{2m_0}=\frac{\hbar^2k^2}{2m_0} \tag{4.5}$$

式中，υ_x 为电子沿 x 方向的平均运动速度。

由(4.5)式可知，真空电子的能量与电子波数之间具有如图 4.1 所示的抛物线关系，电子能量 E 和电子波数 k 均可以连续取值，电子在真空中各点出现的概率均相等(电子出现概率 $I\propto|\psi(k,\ x)|^2=A^2$)。

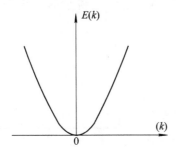

图 4.1　真空自由电子的 $E\sim k$ 关系

☞ 4.1.2　氢原子中的单电子

氢原子中单电子的运动在量子力学中已经得到了成功的解释，这里只需要引用其结论即可。这时，电子的能量表达式为

$$E_n=-\frac{m_0^2e^4}{8\varepsilon_0\hbar^2}\frac{1}{n^2}=-13.6\frac{1}{n^2}(\mathrm{eV}) \tag{4.6}$$

式中，m_0 为电子静止质量，e 为电子电荷，ε_0 为真空介电常数，$\hbar$ 为普朗克常数，n 称为主量子数。可见，氢原子中单电子的能量是不连续的，只能处于一系列分立的能量状态（能级），氢原子中单电子的能级图如图 4.2 所示。

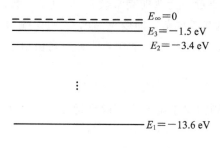

图 4.2　氢原子中单电子的能级图

☞ 4.1.3　孤立原子中的多电子

对于具有多个电子的孤立原子而言，孤立原子中电子的能量也是不连续的，只能处于一系列分立的能级上，多个电子围绕原子核作圆周运动，形成壳层结构，如图 4.3(a) 所示。只是在描述电子运动时要比氢原子中的单电子复杂得多，除了主量子数 n 以外，还要用到角量子数 l、磁量子数 m_l 以及自旋量子数 m_s 等参数。由于原子核的束缚作用，电子相当于被限制在一个很深的势阱中运动，如图 4.3(b) 所示，电子必须获得足够的能量才有可能摆脱原子核的束缚。

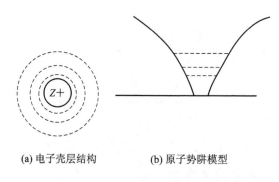

(a) 电子壳层结构　　　　(b) 原子势阱模型

图 4.3　孤立原子中多电子的壳层结构及势阱模型

☞ 4.1.4　晶体中电子的共有化运动

下面以一维 Na 晶体的形成过程为例，来观察当孤立原子相互靠近形成晶体时，其中电子的运动状态会发生什么变化。

Na 原子的电子组态为 $1s^2 2s^2 2p^6 3s^1$，当原子间距 r 远远大于晶格常数 a 时，可视为孤立原子，所有电子被局限在各自原子核周围作壳层运动，互不干扰，相当于原子间势垒很高很厚，原子间不发生电子交换，如图 4.4(a)所示。理论计算表明，当 $r=30$ A(大约几个晶格常数)时，大约需要经过 10^{20} 年，相邻原子间才会出现一次电子交换，即在 B 原子中发现 A 原子的电子。

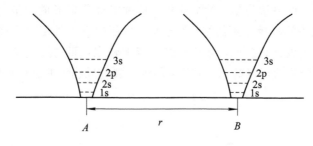

(a) 孤立Na原子中的电子

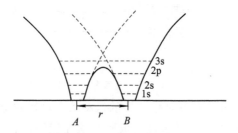

(b) 一维Na晶体中电子的共有化运动

图 4.4　一维 Na 晶体中的电子状态

当 $r \rightarrow a$ 时(如图 4.4(b)所示)，原子间相互作用增强，使得原子间势垒变低变窄，电子云开始发生交叠，这时，3s 能级上电子(价电子)的能量大于势垒高度，成为可以在原子间"自由运动"的共有电子，晶体中电子的这种运动称为共有化运动。另外，内层电子(如 2p 能级上的电子，也有可能通过隧道效应而产生部分的共有化。

可见，晶体中电子的运动状态，既不同于孤立原子中的电子，也不同于真空自由电子。当孤立原子相互靠近形成晶体时，由于原子间相互作用的增强，电子云将发生一定程度的交叠，使原子间势垒变低变窄，从而使得外层电子实现共有化运动，而内层电子也会通过隧穿效应实现部分共有化。当然，晶体中电子的这种共有化运动的自由程度也是有限制的，首先，电子只能被限制在晶体内运动，要想摆脱晶体的束缚，电子还需要获得足够的能量(称为逸出功)；其次，即使在晶体内部，电子的运动也受到一定的限制，在晶格格点位置，周期性排列着带正电的原子实，也是共有化电子所不能到达的位置。

在上面的讨论中，不难发现这样的问题，那就是根据泡利不相容原理，每个能级上最多只能容纳自旋方向相反的两个电子。因此，当大量原子组成晶体时，共有化运动不可能使一个能级上拥有很多电子，而只能是能级分裂，形成能带，即在一个相对较窄的能量范围内，具有很多个相同的能级，相邻能级间的能量差很小，可以认为是连续分布的。这种能级分裂形成能带的过程，可以理解为相同能级间排斥作用的结果。于是，晶体中由于外层电子能量高，相互作用强，因而能级分裂严重，展开形成的能带较宽，而内层电子能量低，相互作用弱，能级分裂后形成的能带较窄。能级分裂形成能带的过程如图 4.5 所示。

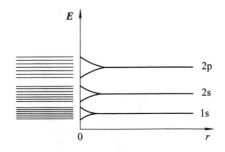

图 4.5　能级分裂与能带

通过上面的分析，对晶体中电子的运动状态可以建立以下的基本认识：晶体中大量电子按照能量最低原理由低到高填充能级，形成一系列由允带（由能级分裂形成的允许电子存在的能量状态）和禁带（允带的间隙，即能级分裂成能带后所剩余的不允许电子存在的能量状态）交替组成的带状结构，称为能带或能带结构。一般而言，能带结构中由内层电子填充的能带中每个能级上都有自旋相反的两个电子，称为满带。由最外层价电子形成的能带可能是非满带（部分能级上没有电子），而能量更高的能带中则完全没有电子，称为空带。能带结构中能量最高的满带称为价带，能量最低的非满带称为导带。后面将证明，满带电子是不导电的，即内层电子对晶体的导电能力是没有贡献的。

对于某些晶体，能级分裂成能带时没有发生交叠，于是，孤立原子中有多少个能级，对应晶体中就有多少个能带，而且每个能带中的能级数可由晶体中每个原子提供的对应能级数直接确定。比如，由 N 个锂原子（Li $1s^2 2s^1$）组成的 Li 晶体中，1s 能级分裂形成的 1s 能带中总共有 N 个 1s 能级，每个原子提供两个 1s 电子，总共 $2N$ 个 1s 电子正好填满 1s 能带。而 2s 能带中总共有 N 个 2s 能级，晶体中总共 N 个 2s 电子（价电子），只能填充 $N/2$ 个能级，因此锂晶体的导带（2s 能带）为半满带，如图 4.6 所示。

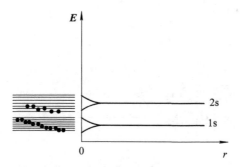

图 4.6　锂金属的能带结构

在有些晶体中，能级分裂成能带时会发生交叠现象，从而形成混合能带。比如金属铍，由 N 个铍原子($Be\ 1s^2 2s^2$)组成晶体时，形成的 1s 能带为满带，而 2s 能级和 2p 能级分裂后形成一个 2s2p 混合能带，如图 4.7 所示。于是该混合能带中总共有 N 个 2s 能级和 $3N$ 个 2p 能级，而晶体中总共只有 $2N$ 个 2s 电子（价电子），按照能量最低原理，只能填充混合能带中 1/4 的能级，因此铍金属的导带(2s2p 混合能带)也是一个非满带。

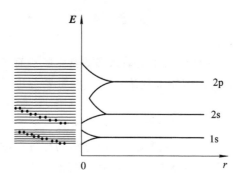

图 4.7　铍金属中的 2s2p 混合能带

另外，有些晶体中能级分裂成能带时还会发生先交叠后分裂的现象，即形成两个混合能带。比如，由 N 个硅原子($Si\ 1s^2 2s^2 2p^6 3s^2 3p^2$)组成的硅晶体中，3s 和 3p 能级分裂形成能带时就是先交叠后分裂的情况(如图 4.8 所示)，形成的两个能带都是由 $3s^2 3p^2$ 4 个价电子通过 sp^3 轨道杂化形成 4 个相当能量的轨道能级，然后分裂并交叠构成的混合能带。这时两个能带中各有 $2N$ 个 3s3p 混合能级，绝对温度为 0 K 时，晶体中总共 $4N$ 个价电子正好填满下面的混合能带(价带)，而上面的混合能带为空带(导带)。由于 Si 晶体的价带和导带都是由价电子对应能级形成的，因此，导带和价带之间的禁带宽度较小，随着温度的上升，价带顶的电子会获得足够的能量而跃迁进入导带，从而使 Si 晶体的价带和导带都变成非满带。

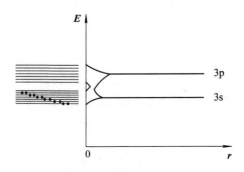

图 4.8　Si 晶体中能带先交叠后分裂

　　从上面的分析可以想到，在晶体的能带结构中，人们最关心的将是价带和导带，晶体是否能够导电，也就是导体和非导体的主要区别，将主要取决于其导带中是否有电子，而半导体的最大特点就是其价带和导带都有可能变为非满带，从而都有可能参与导电。

4.2　布 洛 赫 定 理

　　从上一节中大家对晶体中电子运动状态的基本特点有了一个初步的感性认识，从这一节开始，将对固体能带理论中的一些重要理论、方法及结论作进一步的介绍。

　　布洛赫(Bloch)定理揭示了固体中电子运动的一个普遍适用的规律，在固体物理学发展中具有里程碑式的意义，是半导体物理发展的理论基础。而这一重大理论是年仅 23 岁的布洛赫于 1928 年在其博士论文《金属的电导理论》中提出的。下面就跟踪布洛赫的研究历程，来分析 Bloch 定理的提出、特点、证明及推论。

☞ 4.2.1　单电子近似

　　根据金属键的特点，金属晶体中存在大量可以自由运动的价电子，而失去了价电子的带正电的原子实仍然具有周期性排列的特点，并且在其平衡位置附近作不断的热振动。这时，金属中任意自由电子的运动不但受到大量带正电的原子实的影响，还会受到其他大量自由电子的影响，因此，求解金属中电子的运动状态仍然是一个复杂的多体问题。为了简化问题，Bloch 通过物理分析，提出了一些合理的假设(近似)，首先，他认为，金属中自由电子的运动幅度远远大于晶格原子热振动的幅度，而且由于电子的质量远小于原子质量，可以认为原子的热振动对电子运动的影响很小，并且电子与原子实之间的碰撞，是一种完全弹性碰撞，不存在能量交换。于是他的第一个近似就是假定金属中带正电的原子实周期排列且固定不动，即形成一个与晶格周期相同的周期性势场，并且原子实与电子之间不存在能量交换，这就是绝热近似。绝热的意思是指原子与电子间不交换能量，而且晶体与外界无能量交换。其次，Bloch 还假定，晶体中大量自由电子对任意电子的影响可以视为一种平均势场的影响。这种平均势场与周期性晶格势场叠加以后仍然是一个周期性势场（仍称为周期性晶格势场）。单电子近似指的就是假定晶体中任意一个电子都是在一个周期性的晶格势场中运动。这时，晶体中任意电子运动所服从的定态薛定谔方程就可以写成

$$\begin{cases} -\dfrac{\hbar^2}{2m_0} \nabla^2 \psi(\boldsymbol{k},\ \boldsymbol{r}) + V(\boldsymbol{r})\psi(\boldsymbol{k},\ \boldsymbol{r}) = E\psi(\boldsymbol{k},\ \boldsymbol{r}) \\ V(\boldsymbol{r}) = V(\boldsymbol{r} + \boldsymbol{R}_n) \end{cases} \tag{4.7}$$

对应的一维情况为

$$\begin{cases} -\dfrac{\hbar^2}{2m_0} \dfrac{\mathrm{d}^2 \psi(k,\ x)}{\mathrm{d}x^2} + V(x)\psi(k,\ x) = E\psi(k,\ x) \\ V(x) = V(x + na) \end{cases} \tag{4.8}$$

式(4.7)和式(4.8)中 a 为晶格常数，$\boldsymbol{R}_n$ 为任意正格矢，n 取任意整数。

☞ 4.2.2　Bloch 定理

布洛赫定理指出，周期性势场中运动的电子，其波函数是一个周期性调幅的平面波，称为布洛赫波。也就是说，对于方程(4.7)，其解为

$$\begin{cases} \psi(\boldsymbol{k},\ \boldsymbol{r}) = u(\boldsymbol{k},\ \boldsymbol{r})\mathrm{e}^{i\boldsymbol{k}\cdot\boldsymbol{r}} \\ u(\boldsymbol{k},\ \boldsymbol{r}) = u(\boldsymbol{k},\ \boldsymbol{r} + \boldsymbol{R}_n) \end{cases} \tag{4.9}$$

对于方程(4.8)表示的一维情况，其解可以写成

$$\begin{cases} \psi(k,\ x) = u(k,\ x)\mathrm{e}^{ikx} \\ u(k,\ x) = u(k,\ x + na) \end{cases} \tag{4.10}$$

其中振幅项 $u(\boldsymbol{k},\ \boldsymbol{r})$ 或 $u(k,\ x)$ 仍然是一个与晶格周期相同的周期函数。

显然，布洛赫定理对应的是一种普遍情况，而真空自由电子和孤立原子中的电子则对应其中两种极限情形，对于真空自由电子，势场恒定，可以设为参考电势，即零势场，则其解为一个简单的平面波。而对于孤立原子中的电子而言，可认为其位于很深的势阱中，于是电子只能处于一些列分立的能级上。

☞ 4.2.3　Bloch 定理的特点

按照 Bloch 定理，不难看到晶体中电子运动具有以下基本特点：

(1) 晶体中电子出现的概率具有晶格周期性。

类似于真空自由电子，晶体中电子出现的概率与其波函数的模的平方成正比，即

$$I \propto |\psi(\boldsymbol{k},\ \boldsymbol{r})|^2 = |u(\boldsymbol{k},\ \boldsymbol{r})|^2 \tag{4.11}$$

由于电子波函数的振幅具有晶格周期性，因此，晶体中电子出现的概率也具有晶格周期性。

(2) Bloch 定理的另一种表达形式，即

$$\psi(\boldsymbol{k},\ \boldsymbol{r}+\boldsymbol{R}_n) = \mathrm{e}^{i\boldsymbol{k}\cdot\boldsymbol{R}_n}\psi(\boldsymbol{k},\ \boldsymbol{r}) \tag{4.12}$$

显然，根据式(4.9)，有

$$\psi(\boldsymbol{k},\ \boldsymbol{r}+\boldsymbol{R}_n) = u(\boldsymbol{k},\ \boldsymbol{r}+\boldsymbol{R}_n)\mathrm{e}^{i\boldsymbol{k}\cdot(\boldsymbol{r}+\boldsymbol{R}_n)} = u(\boldsymbol{k},\ \boldsymbol{r})\mathrm{e}^{i\boldsymbol{k}\cdot\boldsymbol{R}_n}\mathrm{e}^{i\boldsymbol{k}\cdot\boldsymbol{r}} = \mathrm{e}^{i\boldsymbol{k}\cdot\boldsymbol{R}_n}\psi(\boldsymbol{k},\ \boldsymbol{r})$$

Bloch 定理的这两种表示其实是等价的，只是后一种表示中将 Bloch 定理一些隐性的特点给显性化了。比如，根据这一表达形式，很容易引起人们的思考，即晶体中电子波函数是否具有晶格周期性？由式(4.12)可知，如果电子的 Bloch 波函数具有晶格周期性，即

$$\psi(\boldsymbol{k},\ \boldsymbol{r}+\boldsymbol{R}_n) = \psi(\boldsymbol{k},\ \boldsymbol{r})$$

则必须有

$$\mathrm{e}^{i\boldsymbol{k}\cdot\boldsymbol{R}_n} = 1 \Rightarrow \boldsymbol{k}\cdot\boldsymbol{R}_n = 2\pi l \quad (l \text{ 取整数})$$

根据第 1 章中倒格子的性质：任意正倒格矢的标积等于 2π 的整数倍，于是晶体中电子波函数是否具有晶格周期性就完全取决于晶体中电子波矢是否等于任意倒格矢。由于目前内容还没有讨论晶体中电子波矢的取值特点，因此暂时还无法给出严格的证明，但是可以先给出结论：答案是否定的，即晶体中电子波函数不具有晶格周期性，电子波矢不等于任意倒格矢。至于具体的原因，后面再讨论。

☞ 4.2.4　Bloch 定理的证明

上面讨论了 Bloch 定理提出的过程、内容以及特点，下面以一维情况为例来证明 Bloch 定理。

1) $V(x)$ 的傅里叶展开

周期性晶格势场 $V(x)$ 的展开形式可以是任意的，但是为了充分体现并利用晶格周期性的特点，布洛赫经过多番尝试后将其展开为下面的形式：

$$V(x) = \sum_{h=-\infty}^{+\infty} V_h \mathrm{e}^{\mathrm{i}\frac{2\pi}{a}hx} \tag{4.13}$$

式中，a 为晶格常数，h 为任意整数，V_h 为展开系数，且 $V_h = \dfrac{1}{a}\int_0^a V(x)\mathrm{e}^{-\mathrm{i}\frac{2\pi}{a}hx}\,\mathrm{d}x$，

其中，$V_0 = \dfrac{1}{a}\int_0^a V(x)\mathrm{d}x = \overline{V(x)}$，为晶格势场的平均值，对电子运动的特点

不产生影响，因此可将其设为参考电势，即令 $V_0 = 0$，于是有

$$V(x) = \sum_{h \neq 0} V_h \mathrm{e}^{\mathrm{i}\frac{2\pi}{a}hx} = \sum_{G_h \neq 0} V_h \mathrm{e}^{\mathrm{i}G_h x} \tag{4.14}$$

式中，$G_h = \dfrac{2\pi}{a}h$，相当于任意倒格矢的一维形式。

　　2）将电子波函数向平面波展开

　　晶体中电子波函数是要求解的未知量。但是大家知道，任何形式的波都可以看做是由若干个简单的平面波叠加而成的。于是，可将晶体中电子波函数的形式设为

$$\psi(k,\,x) = \sum_{k'} c(k')\mathrm{e}^{\mathrm{i}k'x} \tag{4.15}$$

一旦求出其中的待定系数 $c(k')$，就可以确定晶体中电子波函数的具体表达式。

　　3）中心方程

　　将式（4.14）和（4.15）代入一维定态薛定谔方程（4.8），有

$$\sum_{k'} \frac{\hbar^2 k'^2}{2m_0} c(k')\mathrm{e}^{\mathrm{i}k'x} + \sum_{h \neq 0}\sum_{k'} V_h c(k')\mathrm{e}^{\mathrm{i}(k'+G_h)x} = E\sum_{k'} c(k')\mathrm{e}^{\mathrm{i}k'x} \tag{4.16}$$

两边同乘以 $\mathrm{e}^{-\mathrm{i}kx}$，并对整个晶体（一维晶体 $L = Na$）积分，得

$$\int_L \sum_{k'} \frac{\hbar^2 k'^2}{2m_0} c(k')\mathrm{e}^{\mathrm{i}(k'-k)x}\,\mathrm{d}x + \int_L \sum_{h \neq 0}\sum_{k'} V_h c(k')\mathrm{e}^{\mathrm{i}(k'+G_h-k)x}\,\mathrm{d}x$$

$$= \int_L E\sum_{k'} c(k')\mathrm{e}^{\mathrm{i}(k'-k)x}\,\mathrm{d}x \tag{4.17}$$

利用平面波正交归一性，得

$$\begin{cases} \displaystyle\int_L \mathrm{e}^{\mathrm{i}(k'-k)x}\,\mathrm{d}x = L\delta_{k',\,k} \\[2mm] \displaystyle\int_L \mathrm{e}^{\mathrm{i}(k'+G_h-k)x}\,\mathrm{d}x = L\delta_{k',\,k-G_h} \end{cases} \tag{4.18}$$

可将式（4.17）进一步化简为

$$\sum_{k'} \frac{\hbar^2 k'^2}{2m_0} c(k')L\delta_{k',\,k} + \sum_{h \neq 0}\sum_{k'} V_h c(k')L\delta_{k',\,k-G_h} = E\sum_{k'} c(k')L\delta_{k',\,k}$$

$$\Rightarrow \frac{\hbar^2 k^2}{2m_0} c(k) + \sum_{h \neq 0} V_h c(k-G_h) = Ec(k) \tag{4.19}$$

这是一个关于 $c(k)$ 的线性方程，它与式(4.8)所示的原始的薛定谔方程是完全等价的，因此被称为倒空间（或者说动量空间）的薛定谔方程，也叫做中心方程。中心方程把原始薛定谔方程中隐含的特征显性化了，从式(4.19)可以明显看出：周期性晶格中，k 与 $k-G_h(h\neq0)$ 状态之间有着密切的联系，或者说，对 k 状态有影响的都是那些与之相差任意倒格矢的状态。这实际上从倒空间反映了晶体中电子公有化运动的特点：晶体中电子只能从一个布里渊区中的某个位置运动到其他布里渊区的对应位置。于是可从中心方程中直接确定晶体中电子波函数所具有的形式，即在式(4.15)中如果存在一个关于 k 的项，则其他项中的电子波矢必然都与之相差任意倒格矢，于是就有

$$\psi(k,x)=c(k)e^{ikx}+\sum_{h\neq0}c\left(k-\frac{2\pi}{a}h\right)e^{i\left(k-\frac{2\pi}{a}h\right)x}$$

$$=\sum_h c\left(k-\frac{2\pi}{a}h\right)e^{i\left(k-\frac{2\pi}{a}h\right)x}$$

$$=\left[\sum_h c\left(k-\frac{2\pi}{a}h\right)e^{-i\frac{2\pi}{a}hx}\right]e^{ikx}$$

$$=u(k,x)e^{ikx}$$

其中　　　　$$u(k,x)=\sum_h c\left(k-\frac{2\pi}{a}h\right)e^{-i\frac{2\pi}{a}hx}$$

这时，Bloch 定理的证明就归结为求证上面的振幅函数 $u(k,x)$ 具有晶格周期性。显然

$$u(k,x+na)=\sum_h c\left(k-\frac{2\pi}{a}h\right)e^{-i\frac{2\pi}{a}h(x+na)}$$

$$=u(k,x)e^{-i2\pi h\cdot n}　　　（n、h 均为任意整数）$$

$$=u(k,x)$$

于是，Bloch 定理就得到了证明。类似地，对于式(4.9)所表示的三维情况，按照上面的推导过程，类似地，有

$$\begin{cases}\psi(\boldsymbol{k},\boldsymbol{r})=u(\boldsymbol{k},\boldsymbol{r})e^{i\boldsymbol{k}\cdot\boldsymbol{r}}\\u(\boldsymbol{k},\boldsymbol{r})=\sum_{\boldsymbol{G}_h}c(\boldsymbol{k}-\boldsymbol{G}_h)e^{-i\boldsymbol{G}_h\cdot\boldsymbol{r}}\end{cases}\tag{4.20}$$

式中，$\boldsymbol{G}_h$ 为任意倒格矢。

☞ 4.2.5　Bloch 定理的推论

根据 Bloch 定理的证明过程，还可以发现晶体中电子运动的一些新特点，称之为 Bloch 定理的推论。

（1）晶体中电子波函数具有倒格子周期性。

由中心方程得到的结论，可以将式（4.20）写为如下形式：

$$\psi(\boldsymbol{k}, \boldsymbol{r}) = \sum_{G_h} c(\boldsymbol{k} - \boldsymbol{G}_h) e^{i(\boldsymbol{k} - \boldsymbol{G}_h) \cdot \boldsymbol{r}} \tag{4.21}$$

式中，$\boldsymbol{G}_h$ 遍取所有允许的倒格矢，于是

$$\psi(\boldsymbol{k} + \boldsymbol{G}_h, \boldsymbol{r}) = \sum_{G_h} c(\boldsymbol{k} + \boldsymbol{G}_h' - \boldsymbol{G}_h) e^{i(\boldsymbol{k} + \boldsymbol{G}_h' - \boldsymbol{G}_h) \cdot \boldsymbol{r}}$$

$$= \sum_{G_h''} c(\boldsymbol{k} - \boldsymbol{G}_h'') e^{i(\boldsymbol{k} - \boldsymbol{G}_h'') \cdot \boldsymbol{r}}$$

其中，$\boldsymbol{G}_h'' = \boldsymbol{G}_h - \boldsymbol{G}_h'$ 仍遍取所有允许的倒格矢，于是

$$\psi(\boldsymbol{k} + \boldsymbol{G}_h, \boldsymbol{r}) = \psi(\boldsymbol{k}, \boldsymbol{r}) \tag{4.22}$$

（2）晶体中电子能量具有倒格子周期性，即

$$E(\boldsymbol{k}) = E(\boldsymbol{k} + \boldsymbol{G}_h) \tag{4.23}$$

这一点比较明显，因为电子能量与电子波函数之间是一一对应的，因此它们之间必然具有同样的周期性。

（3）晶体中电子能量是波矢的偶函数，即

$$E(\boldsymbol{k}) = E(-\boldsymbol{k}) \tag{4.24}$$

这一特点并不能从 Bloch 定理的证明过程中直观地看到。尽管 Bloch 定理已经证明了晶体中电子波函数具有倒格子周期性，但是要想进一步深入了解晶体中电子运动的特点，就必须求解其电子波函数（重点是调幅因子，即振幅函数 $u(\boldsymbol{k}, \boldsymbol{r})$）及电子能量的具体表达式，这就需要人们能够确定周期性晶格势场的具体表达式。

☞ 4.2.6　克龙尼克–潘纳模型

20 世纪 30 年代，克龙尼克–潘纳（Kronig-Penney）提出了一种一维周期性晶格势场的方形势阱模型，如图 4.9 所示，晶格势场由方形势阱和势垒周期性排列组成，周期为 a（即晶格常数），每个势阱的宽度为 c，相邻势阱间的势垒宽度为 $b = a - c$，势垒高度为 V_0。这里假设 V_0 足够大，b 足够小，且 $V_0 b = $ 有限

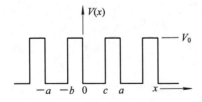

图 4.9　克龙尼克–潘纳势阱模型

值。因为 b 足够小，当电子能量 $E<V_0$ 时，仍有一部分电子可以通过隧穿效应运动到其他势阱中去。否则，如果 b 太大，隧穿效应不能发生，电子将被限制在一个个方形势阱中，电子能量只能取一系列分立的能级，也就相当于孤立原子中电子的能量状态。而当 $b\to 0$，且 V_0 有限时，$V_0 b\to 0$，则任何能量的电子都可以在所有势阱间自由运动，其能量必然对应真空自由电子的能量：

$$E = \frac{\hbar^2 k^2}{2m_0}$$

下面主要讨论这两种极限情形之间的一般情况。

这时，周期性晶格势场可以表示为

$$V(x) = \begin{cases} 0 & (na < x < na + c) \\ V_0 & (na - b < x, \, na) \end{cases} \tag{4.25}$$

其中，n 为任意整数。根据 Bloch 定理，电子波函数可以写成

$$\psi(k, \, x) = u(k, \, x)e^{ikx}$$

代入原始薛定谔方程式(4.8)，可以整理成关于 $u(k, x)$ 的方程：

$$\frac{\mathrm{d}^2 u}{\mathrm{d}x^2} + 2ik\frac{\mathrm{d}u}{\mathrm{d}x} + \left[\frac{2m_0}{\hbar^2}(E - V(x)) - k^2\right]u(k, \, x) = 0 \tag{4.26}$$

在势场突变点处，电子波函数 $\psi(k, \, x)$ 及其导数

$$\frac{\mathrm{d}\psi}{\mathrm{d}x} = e^{ikx}\frac{\mathrm{d}u}{\mathrm{d}x} + ike^{ikx}u(k, \, x)$$

必须连续，这实际上就要求振幅函数 $u(k, \, x)$ 及其导数必须连续。

下面就分不同区域来求 $u(k, \, x)$ 的解析表达式。

(1) $0<x<c$ 时，$V(x)=0$

令 $\alpha^2 = \dfrac{2m_0 E}{\hbar^2}$，则方程(4.26)可以写成

$$\frac{\mathrm{d}^2 u}{\mathrm{d}x^2} + 2ik\frac{\mathrm{d}u}{\mathrm{d}x} + (\alpha^2 - k^2)u(k, \, x) = 0 \tag{4.27}$$

这是一个二阶常系数微分方程，其解为

$$u(k, \, x) = A_0 e^{i(\alpha - k)x} + B_0 e^{-i(\alpha + k)x} \tag{4.28}$$

其中，A_0、B_0 为任意常数。

(2) $-b<x<0$ 时，$V(x)=V_0$

$E<V_0$ 时，令 $\beta^2 = \dfrac{2m_0}{\hbar^2}(V_0 - E) = \dfrac{2m_0 V_0}{\hbar^2} - \alpha^2$，这时，方程(4.26)可以写成

$$\frac{\mathrm{d}^2 u}{\mathrm{d}x^2} + 2ik\frac{\mathrm{d}u}{\mathrm{d}x} - (\beta^2 + k^2)u(k, \, x) = 0 \tag{4.29}$$

其解为

$$u(k, x) = C_0 e^{(\beta - ik)x} + D_0 e^{-(\beta + ik)x} \tag{4.30}$$

其中，C_0、D_0 为任意常数。

（3）$na < na + x < na + c$ 时，振幅函数 $u(k, x + na)$ 具有与式(4.28)类似的形式，即

$$u(k, x + na) = A_n e^{i(\alpha - k)(x + na)} + B_n e^{-i(\alpha + k)(x + na)} \tag{4.31}$$

由于 $u(k, x)$ 具有晶格周期性 $u(k, x) = u(k, x + na)$，因此有

$$\begin{cases} A_n = A_0 e^{-i(\alpha - k)na} \\ B_n = B_0 e^{i(\alpha + k)na} \end{cases} \tag{4.32}$$

（4）$na - b < na + x < na$ 时，同理，$u(k, x + na)$ 具有与式(4.30)类似的形式，即

$$u(k, x + na) = C_n e^{(\beta - ik)(x + na)} + D_n e^{-(\beta + ik)(x + na)} \tag{4.33}$$

根据 $u(k, x)$ 的晶格周期性可以得到

$$\begin{cases} C_n = C_0 e^{-(\beta - ik)na} \\ D_n = D_0 e^{(\beta + ik)na} \end{cases} \tag{4.34}$$

在 $x = 0$ 处，$u(k, x)$ 及其导数连续的条件是

$$A_0 + B_0 = C_0 + D_0 \tag{4.35}$$

$$i(\alpha - k)A_0 - i(\alpha + k)B_0 = (\beta - ik)C_0 - (\beta + ik)D_0 \tag{4.36}$$

在 $x = c$ 处，由 $u(k, x)$ 的连续条件可以得到

$$A_0 e^{i(\alpha - k)c} + B_0 e^{-i(\alpha + k)c} = C_1 e^{(\beta - ik)c} + D_0 e^{-(\beta + ik)c}$$

由式(4.34)知，C_1、D_1 可用 C_0、D_0 代替，于是有

$$A_0 e^{i(\alpha - k)c} + B_0 e^{-i(\alpha + k)c} = C_0 e^{(\beta - ik)c} + D_0 e^{-(\beta + ik)c} \tag{4.37}$$

同理，在 $x = c$ 处，由 $u(k, x)$ 导数连续的条件可得

$$i(\alpha - k)e^{i(\alpha - k)c}A_0 - i(\alpha + k)e^{-i(\alpha + k)c}B_0$$

$$= (\beta - ik)e^{(\beta - ik)c}C_0 - (\beta + ik)e^{-(\beta + ik)c}D_0 \tag{4.38}$$

式(4.35)～式(4.38)是关于待定系数 A_0、B_0、C_0、D_0 的线性齐次方程，它们有非零解的条件是其系数行列式必须等于零，化简后可以得到

$$\frac{\beta^2 - \alpha^2}{2\alpha\beta}\sinh\beta b\ \sin\alpha c + \cosh\beta b\ \cos\alpha c = \cos ka \tag{4.39}$$

由于 k 为实数

$$-1 \leqslant \cos ka \leqslant 1$$

即

$$\begin{cases} -1 \leqslant \dfrac{\beta^2 - \alpha^2}{2\alpha\beta}\sinh\beta b\ \sin\alpha c + \cosh\beta b\ \cos\alpha c \leqslant 1 \\[2mm] \lim\dfrac{\beta 2ab}{a} = P; \quad \beta b = \sqrt{\dfrac{2Pb}{a}} \ll 1 \end{cases} \tag{4.40}$$

其中，参数 α 与能量有关，所以此式是决定电子能量的超越方程，相当复杂。为了简化，假定 $V_0 \rightarrow \infty$，$b \rightarrow 0$，且 $V_0 b$ 为有限值，则 $\sinh\beta b \approx \beta b$；$\cosh\beta b \approx 1$，于是(4.39)式可以化简为

$$P\frac{\sin\alpha a}{\alpha a} + \cos\alpha a = \cos k a \qquad (4.41)$$

利用式(4.40)可以确定电子的能量：首先画出 $P\dfrac{\sin\alpha a}{\alpha a} + \cos\alpha a$ 随 αa 的变化曲线。由于 $-1 \leqslant \cos k a \leqslant 1$，可以求出满足这一条件的 α 的值；再由 $\alpha^2 = \dfrac{2m_0 E}{\hbar^2}$ 求得对应的能量。图 4.10 画出了 $P = \dfrac{3\pi}{2}$ 时允许的 αa 的取值情况，找出其相应的纵坐标值 $\cos k a$ 值，并由此计算出每个能量值对应的 k 值，就可以得到如图 4.11 所示的 $E \sim k a$ 曲线，为了方便，图中选 $\dfrac{2m_0 a^2}{\pi^2 \hbar^2} E$ 为纵坐标。

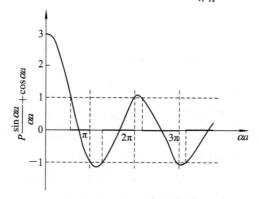

图 4.10　式(4.41)的图形，其中 $P = 3\pi/2$

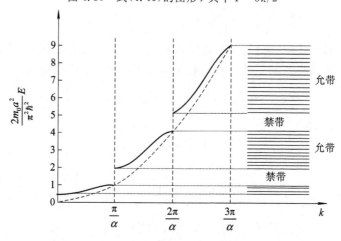

图 4.11　克龙尼克-潘纳模型中电子能量随波矢的变化关系，其中 $P = 3\pi/2$

下面对式(4.41)作进一步的讨论。显然，当 $P=0$ 时，有
$$\alpha a = ka \pm 2\pi l, \quad l \text{ 取整数}$$
这时对电子的能量没有限制，对应 $V_0=0$ 时的真空自由电子的情况。而当 $P \to \infty$ 时，必须有 $\dfrac{\sin\alpha a}{\alpha a}=0$，即，$\alpha a = n\pi$，$n>1$，于是电子能量 $E=\dfrac{n^2\pi^2\hbar^2}{2m_0 a^2}$，与波矢 k 无关，电子只能处于一系列分立的能量状态(能级)，这对应的是孤立原子的无限深势阱中电子的运动情况。可见，P 的数值在某种程度上反映了电子被束缚的程度。

图 4.11 中虚线表示真空自由电子的 $E \sim k$ 关系。

从图 4.11 中还可以看出，由于 $\cos ka = \cos(-ka)$，周期势场中电子 $E \sim k$ 关系类似于真空自由电子的抛物线型 $E \sim k$ 关系，只是在 $ka = \pi h$，即 $k = \dfrac{\pi}{a}h$，h 取整数(正好对应布里渊区边界)处发生中断，形成一系列由允带和禁带交替组成的带状结构，能量较低的能带较窄，能量较高的能带较宽，禁带位于布里渊区边界处。另外，由于 $\cos\left[\left(k+\dfrac{2\pi}{a}h\right)a\right]=\cos ka$，其中 $G_h=\dfrac{2\pi}{a}h$（h 取整数）为任意倒格矢，因此电子能量也具有倒格子周期性，即 $E(k)=E(k+G_h)$。于是晶体能带结构通常有如图 4.12 所示的三种表示方法。

(1) 扩展区图式，如图 4.12(a)所示，这时各能带分别画在各自的布里渊区内，E 为波矢 k 的单值函数。

(2) 简约区图式，如图 4.12(b)所示，由于 $E(k)=E(k+G_h)$，扩展区图式中的各个能带都可以通过一个适当的倒格矢平移到第一布里渊区，即在第一布里渊区(也叫做简约布里渊区)中画出所有的能带。这种图式最常用，这时电子能量是波矢 k 的多值函数，对于同一个 k，对应的能量 $E_1(k)$，$E_2(k)$，$\cdots$，$E_n(k)$，$\cdots$分别属于不同的能带。

(3) 重复区图式，如图 4.12(c)所示，由于各个布里渊区是等价的，因此简约区的 $E \sim k$ 关系也可以扩展到其他区。

不限于克龙尼克-潘纳模型，任何方式得到的晶体的能带结构都具有这三种表示方法。

克龙尼克-潘纳模型的重要意义就在于它通过严格的求解过程，证明了周期性晶格势场中运动的电子的许可能级形成了允带，而能带间不允许的能量范围为禁带，而且该模型经过适当修正后还可用于讨论表面态、合金能带，以及超晶格的能带结构等，因而具有广泛的适用性。但是克龙尼克-潘纳模型对晶体能带结构中禁带产生的原因并没有给出明确的解释，即为什么周期性晶格中

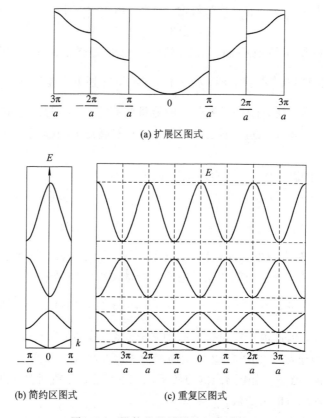

图 4.12　晶体能带结构的三种表示

电子的 $E\sim k$ 关系既不同于真空自由电子 $E=\dfrac{\hbar^2 k^2}{2m_0}$ 的连续能谱，又不同于孤立原子中电子的分立能级。下面通过两个简单的极限情况——近自由电子近似和紧束缚近似，来分析晶体能带的形成。

4.3　近自由电子近似

　　晶体中电子与真空自由电子的最大区别就在于周期性晶格势场的有无。如果假设周期性晶格势场很弱，可以看做是对真空自由电子恒定势场的一种微扰，那么晶体中电子的运动情况必然更接近真空自由电子，而微扰的作用则正好反映了周期性晶格势场中电子状态的新特点。这就是近自由电子近似。

　　仍以一维情况为例，根据量子力学中的定态微扰理论，近自由电子的哈密顿算符可以写成

$$\hat{H} = \hat{H}_0 + \hat{H}'$$

其中，$\hat{H}_0 = -\dfrac{\hbar^2}{2m_0}\dfrac{\mathrm{d}^2}{\mathrm{d}x^2}$，为真空自由电子的哈密顿算符，周期性晶格势场作为微扰项，即

$$\hat{H}' = V(x) = \sum_{h \neq 0} V_h \mathrm{e}^{\mathrm{i}\frac{2\pi}{a}hx} = \sum_{G_h \neq 0} V_h \mathrm{e}^{\mathrm{i}G_h x}$$

其中，$V_0 = \overline{V(x)} \xm022def 0$ 设为能量的参考点，对能谱的特点没有影响。下面分两种情况进行讨论。

☞ 4.3.1 定态非简并微扰

近自由电子所满足的薛定谔方程

$$\hat{H}\psi(k, x) = E(k)\psi(k, x) \tag{4.42}$$

的解为

$$\psi(k, x) = \psi^{(0)}(k, x) + \psi^{(1)}(k, x) + \psi^{(2)}(k, x) + \cdots \tag{4.43}$$

$$E(k) = E^{(0)}(k) + E^{(1)}(k) + E^{(2)}(k) + \cdots \tag{4.44}$$

其零级近似解就是真空自由电子的波函数和能量

$$\psi^{(0)}(k, x) = \frac{1}{\sqrt{L}}\mathrm{e}^{\mathrm{i}kx} \tag{4.45}$$

$$E^{(0)}(k) = \frac{\hbar^2 k^2}{2m_0} \tag{4.46}$$

式中，L 为一维晶格的体积，$L = Na$（N 为初基元胞总数，a 为晶格常数）。于是，只要能够找到一个不等于零的修正项，就能反映微扰项（周期性晶格势场）的影响。

一级修正项：

$$E^{(1)}(k) = H'_{kk} = \int_0^L \psi^{(0)*}(k, x)V(x)\psi^{(0)}(k, x)\mathrm{d}x = \overline{V(x)} = 0$$

为势场的平均值，不能反映周期势场中电子能谱的特点，设为参考点。

二级修正项：

$$E^{(2)}(k) = \sum_{k' \neq k} \frac{|H'_{kk'}|^2}{E^{(0)}(k) - E^{(0)}(k')} \tag{4.47}$$

其中微扰矩阵元

$$H'_{kk'} = \int_0^L \psi^{(0)*}(k, x)V(x)\psi^{(0)}(k', x)\mathrm{d}x$$

$$= \frac{1}{L}\sum_{h \neq 0} V_h \int_0^L \mathrm{e}^{\mathrm{i}(k'+G_h-k)x}\mathrm{d}x$$

$$= \sum_{h \neq 0} V_h \delta_{k', k-G_h}$$

$$= \begin{cases} V_h & k' = k - G_h \\ 0 & k' \neq k - G_h \end{cases}$$

代入(4.47)式中,得

$$E^{(2)}(k) = \sum_{h \neq 0} \frac{|V_h|^2}{E^{(0)}(k) - E^{(0)}(k - G_h)} \tag{4.48}$$

二级修正项一般不等于零,反映的是周期性晶格势场的影响,于是,近自由电子能量表达式可以写成

$$E(k) = E^{(0)}(k) + E^{(2)}(k)$$

$$= \frac{\hbar^2 k^2}{2m_0} + \sum_{h \neq 0} \frac{|V_h|^2}{\frac{\hbar^2}{2m_0}[k^2 - (k - G_h)^2]} \tag{4.49}$$

通常情况下二级修正项很小,周期势场中近自由电子能量与波矢的关系类似于真空自由电子的抛物线形状。

类似地,周期势场中近自由电子的波函数也可以写成包含修正项的形式

$$\psi(k, x) = \frac{1}{\sqrt{L}} e^{ikx} + \sum_{h \neq 0} \frac{V_{-h}}{\frac{\hbar^2}{2m_0}[k^2 - (k - G_h)^2]} \frac{1}{\sqrt{L}} e^{-i(k - G_h)x}$$

$$= \frac{1}{\sqrt{L}} e^{ikx} \left[1 + \sum_{h \neq 0} \frac{V_{-h}}{\frac{\hbar^2}{2m_0}[k^2 - (k - G_h)^2]} \frac{1}{\sqrt{L}} e^{-iG_h x} \right]$$

$$= u(k, x) e^{ikx} \tag{4.50}$$

其中

$$u(k, x) = \frac{1}{\sqrt{L}} \left[1 + \sum_{h \neq 0} \frac{V_{-h}}{\frac{\hbar^2}{2m_0}[k^2 - (k - G_h)^2]} \frac{1}{\sqrt{L}} e^{-iG_h x} \right] \tag{4.51}$$

容易验证

$$u(k, x) = u(k, x + na)$$

所以,近自由电子的波函数式(4.50)的确是一个 Bloch 波。

☞ 4.3.2　定态简并微扰

上面通过定态非简并微扰获得了近自由电子能量和波函数的表达式。大家知道,修正项通常应该很小,然而,从式(4.49)和式(4.50)中不难发现,当 k^2 与 $(k-G_h)^2$ 接近时,修正项将会急剧增大,从而使得近自由电子的运动状态严重偏离真空自由电子的运动状态,也就是说,这时定态非简并微扰理论将不再

适用。原因很简单，当 k^2 与 $(k-G_h)^2$ 接近时，k 状态与 $k'=k-G_h$ 状态对应的能量相当，已经进入简并状态，应当适用定态简并微扰理论。

对于极限情形，令

$$k^2 = (k-G_h)^2$$

得到

$$k = \frac{G_h}{2} = \frac{\pi}{a}h$$

$$k' = k - G_h = -\frac{\pi}{a}h$$

其中，h 取整数，正好对应布里渊区边界。按照定态简并微扰论，这时近自由电子的零级近似波函数应为两个状态时电子波函数的线性组合，即

$$\Phi^{(0)}(k, x) = A\psi^{(0)}(k, x) + B\psi^{(0)}(k', x) = \frac{A}{\sqrt{L}}e^{ikx} + \frac{B}{\sqrt{L}}e^{ik'x} \quad (4.52)$$

其中，A、B 为待定系数。将式(4.52)代入原始薛定谔方程(4.42)，有

$$\hat{H}\Phi^{(0)}(k, x) = E(k)\Phi^{(0)}(k, x)$$

得到

$$A[E^{(0)}(k) - E(k) + V(x)]e^{ikx} + B[E^{(0)}(k) - E(k) + V(x)]e^{ik'x} = 0 \quad (4.53)$$

为了挖掘这一方程中所隐含的物理意义，需要对其作数学上的处理。首先，方程两边左乘以 e^{-ikx}，并对整个晶体积分，整理后得到

$$[E^{(0)}(k) - E(k)]A + V_h B = 0 \quad (4.54)$$

同样，方程两边左乘以 $e^{-ik'x}$，并对整个晶体积分，得到

$$V_h^* A + [E^{(0)}(k) - E(k)]B = 0 \quad (4.55)$$

其中 $V_h^* = V_{-h}$，联立式(4.54)和式(4.55)得到关于 A、B 的线性奇次方程组，A、B 不同时为零的必要条件是其系数行列式必须等于零，即

$$\begin{vmatrix} E^{(0)}(k) - E(k) & V_h \\ V_h^* & E^{(0)}(k) - E(k) \end{vmatrix} = 0$$

展开并整理后即可得到

$$E(k) = E^{(0)}(k) \pm |V_h| \quad (4.56)$$

对于(4.56)式，可以简单地通过能级间的排斥作用加以理解。当 k 到达布里渊区边界时，$k'=k-G_h$，也从反方向接近布里渊区边界，如图 4.13 中所示的 A 点与 B 点以及 C 点与 D 点的情况。这时 k 状态与 k' 状态能量接近，发生简并，周期势场微扰的结果使得这两个状态(能级)之间产生排斥作用，原来能量高的降不下来，而能量低的也无法进一步增加，从而使得 $E\sim k$ 关系在布里

渊区边界处发生中断，并形成 $2|V_h|$ 的能量间隙，即禁带。

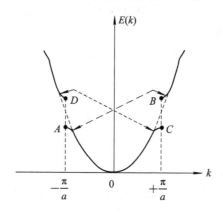

图 4.13　近自由电子能量在布里渊区边界附近的变化

　　另外，禁带形成的原因还可以从晶体中电子平面波发生布拉格反射的角度来解释。由于 $k=\dfrac{\pi}{a}h$ 正好是一维情况下发生布拉格反射的条件，这时，入射波与反射波叠加形成两个能量不同的驻波，其能量差就对应禁带。而当 k 远离布里渊区边界时，布拉格反射条件不满足，不会形成反射波，因此对原来的入射波影响不大。相关理论可以参考其他参考书。

4.4　紧束缚近似

☞ 4.4.1　紧束缚近似

　　4.3 节中的近自由电子近似是从金属晶体出发，把周期性晶格势场的影响看做是对真空自由电子的微扰，从而得到由一系列允带和禁带交替组成的带状能谱。但是实际中还有很多晶体中没有自由运动的电子，比如绝缘体和半导体，这时采用近自由电子近似就显得有些勉强。而紧束缚近似就是从绝缘体这一极端情况来研究晶体中电子的运动状态的，这时可以把晶体看做是由大量孤立原子组成的晶格常数足够大的晶体，由于晶体中原子之间相距足够远，相邻原子间电子波函数（电子云）的交叠很少，可以认为这样的晶体中电子的运动状态必然更加接近于孤立原子中的电子；但是由于原子间的相互作用，相邻原子间的电子云仍然存在微弱的交叠，即电子仍有一定的概率从一个原子运动到相邻原子中去，这就是绝缘体中电子运动状态的新特点，这时晶体中的电子波函数应该是孤立原子中电子波函数的线性组合态。这种处理晶体中电子运动问题的方法称为紧束缚近似。显然，这种方法同样适用于分析半导体材料中的电子状态以及一般晶体中原子内层电子的运动问题。

☞ 4.4.2　模型与计算

为简化起见，这里只讨论非简并的 s 态电子，这是因为原子对 s 态电子的束缚能力更强，更符合紧束缚近似的条件，而非简并则是为了使孤立原子中 s 态电子的波函数 $\varphi_s^{at}(\boldsymbol{k}, \boldsymbol{r})$ 为单值函数（其中 at 表示孤立原子）。设周期性晶格势场为 $V(\boldsymbol{r})$，则对于第 n 个原子中的 s 电子而言，除了受到自身所属原子的势场 $V^{at}(\boldsymbol{r}-\boldsymbol{R}_n)$ 的作用以外，晶体中其他原子对它的微扰势应为 $V(\boldsymbol{r})-V^{at}(\boldsymbol{r}-\boldsymbol{R}_n)$。图 4.14 给出了一维情况下这几种势场之间的关系，其中图 4.14(a) 中的实线表示周期性晶格势场，虚线表示第 n 个原子的势场，图 4.14(b) 则表示晶体中其他原子对第 n 个原子的共同作用。

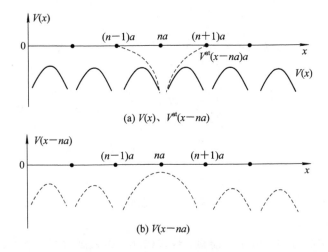

(a) $V(x)$、$V^{at}(x-na)$

(b) $V(x-na)$

图 4.14　一维情况下 $V(x)$、$V^{at}(x-na)$ 和 $V(x-na)$ 的示意图

这时晶体中任意 s 电子的哈密顿算符为

$$\hat{H} = -\frac{\hbar^2}{2m_0}\nabla^2 + V(\boldsymbol{r}) \tag{4.57}$$

对应薛定谔方程为

$$\hat{H}\psi_s(\boldsymbol{k}, \boldsymbol{r}) = E_s\psi_s(\boldsymbol{k}, \boldsymbol{r}) \tag{4.58}$$

式中，E_s 和 $\psi_s(\boldsymbol{k}, \boldsymbol{r})$ 分别对应晶体中 s 电子的能量和波函数，而方程中

$$\hat{H}^{at} = -\frac{\hbar^2}{2m_0}\nabla^2 + V^{at}(\boldsymbol{r}) \tag{4.59}$$

则为孤立原子中 s 电子的哈密顿算符，它的本征解就是孤立原子中 s 电子的波函数，即

$$\hat{H}^{\mathrm{at}} \varphi_s^{\mathrm{at}}(\boldsymbol{k}, \boldsymbol{r}) = E_s^{\mathrm{at}} \varphi_s^{\mathrm{at}}(\boldsymbol{k}, \boldsymbol{r}) \tag{4.60}$$

式中，E_s^{at} 为孤立原子中 s 电子的本征能量。下面的任务就是确定 E_s 和 E_s^{at} 之间的关系。

当不考虑晶体中原子间的相互作用，即电子云没有交叠时，$\boldsymbol{R}_n$ 格点处原子附近 s 电子的波函数为 $\varphi_s^{\mathrm{at}}(\boldsymbol{k}, \boldsymbol{r} - \boldsymbol{R}_n)$，考虑周期性晶格势场影响，即原子间相互作用时，s 电子的波函数发生交叠，相当于发生简并，这时晶体中 s 电子的波函数可以用各原子中 s 电子波函数的线性组合来表示，即

$$\psi_s(\boldsymbol{k}, \boldsymbol{r}) = \frac{1}{\sqrt{N}} \sum_n \mathrm{e}^{\mathrm{i}\boldsymbol{k} \cdot \boldsymbol{R}_n} \varphi_s^{\mathrm{at}}(\boldsymbol{k}, \boldsymbol{r} - \boldsymbol{R}_n) \tag{4.61}$$

简单变形后可以得到

$$\psi_s(\boldsymbol{k}, \boldsymbol{r}) = \frac{1}{\sqrt{N}} \mathrm{e}^{\mathrm{i}\boldsymbol{k} \cdot \boldsymbol{r}} \sum_n \mathrm{e}^{-\mathrm{i}\boldsymbol{k} \cdot (\boldsymbol{r} - \boldsymbol{R}_n)} \varphi_s^{\mathrm{at}}(\boldsymbol{k}, \boldsymbol{r} - \boldsymbol{R}_n) = u_s(\boldsymbol{k}, \boldsymbol{r}) \mathrm{e}^{\mathrm{i}\boldsymbol{k} \cdot \boldsymbol{r}} \tag{4.62}$$

其中

$$u_s(\boldsymbol{k}, \boldsymbol{r}) = \frac{1}{\sqrt{N}} \sum_n \mathrm{e}^{-\mathrm{i}\boldsymbol{k} \cdot (\boldsymbol{r} - \boldsymbol{R}_n)} \varphi_s^{\mathrm{at}}(\boldsymbol{k}, \boldsymbol{r} - \boldsymbol{R}_n) \tag{4.63}$$

容易验证

$$\begin{aligned} u_s(\boldsymbol{k}, \boldsymbol{r} + \boldsymbol{R}_m) &= \frac{1}{\sqrt{N}} \sum_n \mathrm{e}^{-\mathrm{i}\boldsymbol{k} \cdot (\boldsymbol{r} + \boldsymbol{R}_m - \boldsymbol{R}_n)} \varphi_s^{\mathrm{at}}(\boldsymbol{k}, \boldsymbol{r} + \boldsymbol{R}_m - \boldsymbol{R}_n) \\ &= \frac{1}{\sqrt{N}} \sum_{n'} \mathrm{e}^{-\mathrm{i}\boldsymbol{k} \cdot (\boldsymbol{r} - \boldsymbol{R}_{n'})} \varphi_s^{\mathrm{at}}(\boldsymbol{k}, \boldsymbol{r} - \boldsymbol{R}_{n'}) \\ &= u_s(\boldsymbol{k}, \boldsymbol{r}) \end{aligned}$$

其中，$\boldsymbol{R}_{n'} = \boldsymbol{R}_n - \boldsymbol{R}_m$，仍为一个正格矢。可见式(4.61)表示的 s 电子波函数仍然是一个 Bloch 波。

为了确定晶体中 s 电子的能量，将式(4.61)带入薛定谔方程式(4.58)，得

$$\frac{1}{\sqrt{N}} \sum_n \mathrm{e}^{\mathrm{i}\boldsymbol{k} \cdot \boldsymbol{R}_n} \{ E_s^{\mathrm{at}} - E_s(\boldsymbol{k}) + [V(\boldsymbol{r}) - V^{\mathrm{at}}(\boldsymbol{r} - \boldsymbol{R}_n)] \} \varphi_s^{\mathrm{at}}(\boldsymbol{k}, \boldsymbol{r} - \boldsymbol{R}_n) = 0 \tag{4.64}$$

为了进一步挖掘式(4.64)中所隐含的物理意义，给其左乘以 $\varphi_s^{\mathrm{at}*}(\boldsymbol{k}, \boldsymbol{r} - \boldsymbol{R}_n)$，然后对整个晶体积分，并利用 $\varphi_s^{\mathrm{at}*}(\boldsymbol{k}, \boldsymbol{r})$ 的正交归一性，得到

$$\begin{aligned} E_s(\boldsymbol{k}) &= E_s^{\mathrm{at}} + \sum_n \mathrm{e}^{\mathrm{i}\boldsymbol{k} \cdot \boldsymbol{R}_n} \int \varphi_s^{\mathrm{at}*}(\boldsymbol{k}, \boldsymbol{r}) [V(\boldsymbol{r}) - V^{\mathrm{at}}(\boldsymbol{r} - \boldsymbol{R}_n)] \varphi_s^{\mathrm{at}}(\boldsymbol{k}, \boldsymbol{r} - \boldsymbol{R}_n) \mathrm{d}\tau \\ &= E_s^{\mathrm{at}} - A - \sum_{n \neq 0} B(\boldsymbol{R}_n) \mathrm{e}^{\mathrm{i}\boldsymbol{k} \cdot \boldsymbol{R}_n} \end{aligned} \tag{4.65}$$

其中 A 对应 $\boldsymbol{R}_n = 0$ 的项

$$A = -\int \varphi_s^{at*}(\boldsymbol{k}, \boldsymbol{r})[V(\boldsymbol{r}) - V^{at}(\boldsymbol{r})]\varphi_s^{at}(\boldsymbol{k}, \boldsymbol{r})\mathrm{d}\tau$$

$$= \overline{[V(\boldsymbol{r}) - V^{at}(\boldsymbol{r})]} \tag{4.66}$$

表示晶体中其他原子对第 n 个原子中 s 电子的平均影响,是一个比较小的正值,相当于晶体中 s 能带的中心相对于孤立原子中的 s 能级有一个 A 的下降。

式(4.65)中的 $B(\boldsymbol{R}_n)$ 对应 $\boldsymbol{R}_n \neq 0$ 的项

$$B(\boldsymbol{R}_n) = -\int \varphi_s^{at*}(\boldsymbol{k}, \boldsymbol{r})[V(\boldsymbol{r}) - V^{at}(\boldsymbol{r} - \boldsymbol{R}_n)]\varphi_s^{at}(\boldsymbol{k}, \boldsymbol{r} - \boldsymbol{R}_n)\mathrm{d}\tau \tag{4.67}$$

它是一个很小的正值,表示 $\boldsymbol{R}_n = 0$ 和 $\boldsymbol{R}_n \neq 0$ 处的两个孤立原子中 s 电子相对于 $V(\boldsymbol{r}) - V^{at}(\boldsymbol{r} - \boldsymbol{R}_n)$ 势场的交叠积分,并且随原子间距离的增大迅速降至 0,再考虑到 s 电子波函数的球形对称性,计算中只需考虑最近邻原子的影响即可。于是式(4.65)可进一步简化为

$$E_s(\boldsymbol{k}) = E_s^{at} - A - B\sum_{n(最近邻)} e^{i\boldsymbol{k} \cdot \boldsymbol{R}_n} \tag{4.68}$$

这就是根据紧束缚近似计算得到的晶体中 s 能带的 $E \sim k$ 关系。下面通过两个简单的例子对式(4.68)的物理意义作进一步的理解。

对于 SC 结构,任一原子均有 6 个最近邻的原子,其格点坐标分别为 $(\pm a, 0, 0)$、$(0, \pm a, 0)$、$(0, 0, \pm a)$,带入式(4.68)即可得到

$$E_s(\boldsymbol{k}) = E_s^{at} - A - 2B(\cos k_x a + \cos k_y a + \cos k_z a) \tag{4.69}$$

$$E_{min} = E_s^{at} - A - 6B \tag{4.70}$$

$$E_{max} = E_s^{at} - A + 6B \tag{4.71}$$

$$\Delta E = E_{max} - E_{min} = 12B \tag{4.72}$$

于是,SC 结构晶体中由 s 能级分裂形成的 s 能带就如图 4.15 所示。

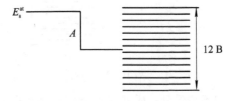

图 4.15 SC 结构中 s 电子对应的 s 能带

再比如,FCC 结构的晶体中,原子配位数为 12,则每个原子均有 12 个最近邻的原子,分别位于以该原子为中心的立方体的 12 条棱边中点处,如图 4.16 所示。将它们的格点坐标带入式(4.68),可得到

$$E_s(\boldsymbol{k}) = E_s^{\text{at}} - A - 4B\left(\cos\frac{a}{2}k_x\cos\frac{a}{2}k_y + \cos\frac{a}{2}k_y\cos\frac{a}{2}k_z + \cos\frac{a}{2}k_za\cos\frac{a}{2}k_x\right)$$
(4.73)

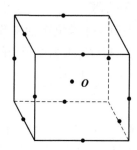

图 4.16   FCC 结构中任一原子最近邻的 12 个原子的分布

在第一布里渊区中心，$\boldsymbol{k}=0$，即 $k_x = k_y = k_z = 0$，能量取到最小值，即为能带底

$$E_{\min} = E_s^{\text{at}} - A - 12B \tag{4.74}$$

而能量的最大值则会出现在布里渊区边界处，即截角八面体的正方形面上，这时 k_x、k_y、k_z 不可能同时取到 $\dfrac{2\pi}{a}$，而只能是一个等于 $\dfrac{2\pi}{a}$，而另外两个小于 $\dfrac{2\pi}{a}$，所以电子能量的最大值，即能带顶为

$$E_{\max} = E_s^{\text{at}} - A + 4B \tag{4.75}$$

$$\Delta E = E_{\max} - E_{\min} = 16B \tag{4.76}$$

因此，FCC 结构中 s 电子分裂以后就会形成如图 4.17 所示的能带结构。

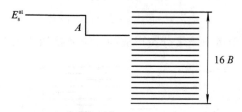

图 4.17   FCC 结构中 s 电子对应的 s 能带

从上面两个例子中不难看到，孤立原子结合成晶体以后，电子的各分立能级将会由于周期性晶格势场的作用而下降一个 A 值，进而展宽成一个能带，电子的能量是电子波矢 $\boldsymbol{k}$ 的周期函数，能带的宽度由交叠积分决定，即带宽同时由周期性晶格势场、晶体中最近邻原子的数目及分布（晶体结构）以及相邻原子中电子波函数的交叠程度决定。

晶体中能带的这一形成过程还可以通过量子力学中的测不准关系来进行解

释：孤立原子中，电子主要在其本征能级上运动，当原子相互靠近形成晶体时，原子间相互作用的增强，使得电子可以以一定的概率通过隧道效应运动到相邻原子中去，从而使电子停留在给定原子能级上的时间减少，电子在给定原子能级上停留的时间 Δt 与对应能级的宽度 ΔE 之间存在测不准关系 $\Delta t \Delta E \sim \hbar$。可见，晶体中电子在给定原子能级上停留时间的减少，是能带形成的根本原因。

一般来讲，孤立原子中的各个分立能级在形成晶体后都会分裂成一个对应的能带，并通过一系列禁带组成交替分布的带状结构，其中的禁带就是孤立原子能级间不连续的能量区间在能级展宽成能带以后的剩余部分。当然，有些晶体中的某些相邻能带之间也可能发生部分交叠，从而形成一个所谓混合能带，能带交叠以后剩余的禁带才是晶体中最终的禁带。

4.5　三维实际晶体的能带

实际晶体的能带结构，往往是通过理论计算与实验相结合的方法得到的，这是一项十分复杂而繁重的工作。目前计算晶体能带结构的方法有多种，包括平面波法、赝势法、正交化平面波法、$k \cdot p$ 微扰法等（具体理论可参考相应参考书）。这些方法基本都包括三个方面的步骤，即

（1）选择适当的周期势场模型；

（2）选择适当的基函数，比如近自由电子近似中选取平面波作为基函数，而紧束缚近似中则选取孤立原子的电子波函数作为基函数；

（3）进行数值计算。

既然三维实际晶体能带结构的计算过程相当复杂，下面不妨仅对其计算结果做一些基本的认识。

☞ 4.5.1　能带交叠

一维情况下，晶体中电子能量在布里渊区边界处的跳变必然对应着禁带的产生，而在三维情况下，尽管在布里渊区边界处也存在电子能量的跳变，但却不一定形成禁带，这时不同晶向的能带之间有可能发生了交叠的现象。比如图 4.18(a) 中，B 点表示第二布里渊区的能量最低点，A 是与 B 相邻而位于第一布里渊区的点，它的能量是与 B 点断开的；如图 4.18(b) 所示，C 点是第一布里渊区中的能量最高点，晶体沿 OC 方向也必然会形成如图 4.18(c) 所示的能带结构。如果正如图中所示的情形，C 点的能量高于 B 点，那么实际的三维晶体中这两个方向上的能带必然发生交叠，如图 4.18(d) 所示。如果 C 点的能量

位于 A 点和 B 点之间，那么实际晶体中这两个能带将发生部分交叠，实际的禁带将是两个禁带交叠后的剩余部分，即 $E_B - E_C$。这就是实际晶体中能带的交叠现象。

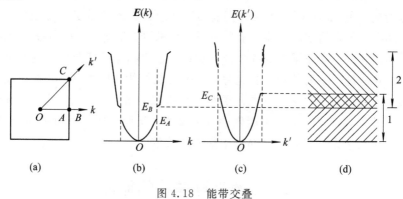

图 4.18　能带交叠

☞ 4.5.2　直接带隙和间接带隙

实际晶体中能带的带顶和带底不一定都位于相同位置（对应相同的波矢 k），比如图 4.19 所给出的半导体材料锗和硅的能带结构，是通过正交化平面波（Orthogonalized Plane Wave，OPW）法计算得到的。锗和硅都是金刚石结构，其晶格周期性由面心立方布拉菲格子决定，因而其第一布里渊区都是由六个正方形和八个正六边形构成的正十四面体（截角八面体）。

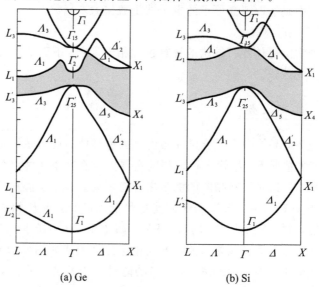

(a) Ge　　　　　　　　　(b) Si

图 4.19　半导体材料锗和硅的能带结构

从图 4.19 中可以读出这样一些信息：

（1）锗和硅的价带结构比较相似，其价带顶都位于布里渊区中心 Γ 点（$k=0$）；

（2）两者的导带结构不同，锗的导带底位于布里渊区边界的六角形中心 L 点，而硅的导带底则位于 Γ 点与布里渊区边界正方形中心 X 点的连线 Δ 上距离 Γ 点 0.85 倍处。

由于锗和硅的导带底和价带顶所对应的波矢不同，故锗和硅均被称为间接带隙半导体。图 4.20 给出的是具有闪锌矿结构的砷化镓晶体的能带结构，表明砷化镓是一个典型的直接带隙半导体，导带底和价带顶都位于布里渊区中心 Γ 点（$k=0$）。另外，从图 4.19 和图 4.20 中还可以看出，这些材料的价带中都包含不止一条曲线（子能带），并且在 Γ 点处存在简并（部分曲线重合）的现象。

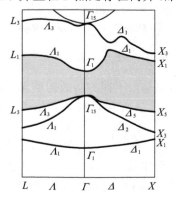

图 4.20　砷化镓的能带结构

☞ 4.5.3　半导体的简化能带

对于半导体材料而言，导带底和价带顶的能量差，即禁带宽度 E_g，是一个重要参数，并且材料中的杂质、表面态/界面态等缺陷均会在禁带中引入能级。因此通常采用如图 4.21 所示的简化的能带图来描述半导体材料，其中 E_c 和 E_v 分别对应导带底和价带顶的能量，禁带宽度 $E_g=E_c-E_v$。

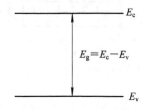

图 4.21　半导体的简化能带图

4.6　能态密度和费米能级

前面介绍了晶体能带结构的特点及计算理论，在研究晶体的电学以及其他相关性质之前还要讨论几个重要概念（注意体会与第 3 章晶格振动理论中对应概念的联系与区别）。

☞ 4.6.1　电子波矢

在克龙尼克-潘纳模型中已经证明，由于晶体中电子 $E\sim k$ 关系的周期性，电子波矢 k 的取值可以被限定在第一布里渊区。类似地，我们将玻恩-卡曼周期性边界条件应用于 Bloch 波，则可以得到

$$\psi(\pmb{k},\pmb{r}) = \psi(\pmb{k},\pmb{r}+\pmb{R}_N) \tag{4.77}$$

$$\pmb{k} = \frac{l_1}{N_1}\pmb{b}_1 + \frac{l_2}{N_2}\pmb{b}_2 + \frac{l_3}{N_3}\pmb{b}_3, \quad l_1,l_2,l_3 = 0,\pm1,\pm1,\cdots \tag{4.78}$$

其中，N_1、N_2、N_3 分别为晶体沿不同方向的初基元胞数，因此，晶体中电子波矢 k 取值不连续，且均匀分布，如图 4.22 所示，每个 k 点所占倒空间的体积为

$$\frac{1}{N_1}\pmb{b}_1 \cdot \left(\frac{1}{N_2}\pmb{b}_2 \times \frac{1}{N_3}\pmb{b}_3\right) = \frac{\Omega^*}{N_1 N_2 N_3} = \frac{(2\pi)^3}{N\Omega} = \frac{(2\pi)^3}{V}$$

其中，Ω^* 为倒格子初基元胞体积，Ω 为初基元胞体积，$N=N_1 N_2 N_3$ 为晶体初基元胞总数，$V=N\Omega$ 为晶体体积。于是在第一布里渊区中电子波矢 k 的取值个数为 N（等于晶体初基元胞总数），由于 N 的数目很大，电子波矢 k 可以被近似认为是连续取值，因此电子波矢 k 的均匀分布可以用一个确定的密度$V/2\pi)^3$来表示。

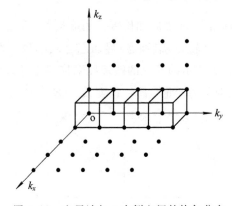

图 4.22　电子波矢 k 在倒空间的均匀分布

☞4.6.2 能态密度

能态密度定义为晶体中单位能量间隔内所包含的电子状态数,也称为状态密度。与第 3 章晶格振动模式密度 $g(\omega)$ 相对应,能态密度用 $g(E)$ 表示,是计算晶体电学以及其他相关性质的一个重要参数。

对于晶体中的第 n 个能带,这时电子波矢 $\bm{k}$ 在第一布里渊区的每一个取值对应该能带的一个能量状态 E(能级),而对于一个给定的能量 E,则对应着倒空间的多个 $\bm{k}$ 点,构成一个等能面(通常为曲面)。于是,在 $E \rightarrow E + dE$ 能量间隔内,所包含的电子状态数 $dZ = g(E)dE$ 也可以用倒空间对应体积和 $\bm{k}$ 点密度来表示为

$$dZ = g(E)dE = 2 \times \frac{V}{(2\pi)^3} \int_E^{E+dE} d\tau_k \qquad (4.79)$$

其中,因子 2 表示按照泡利不相容原理每个能级上可以容纳自旋相反的两个电子;而 $d\tau_k$ 为两个等能面之间所对应的倒空间的体积元。显然,类似第 3 章频率分布函数 $g(\omega)$ 的推导,我们不难得到

$$g(E) = \frac{V}{4\pi^3} \int_{E\text{等能面}} \frac{dS_E}{|\nabla_k E(\bm{k})|} \qquad (4.80)$$

其中,dS_E 为 E 等能面上的面积元。当存在能带交叠时,有

$$g(E) = \sum_n g(E_n) \qquad (4.81)$$

例如,对于真空自由电子,由

$$E(\bm{k}) = \frac{\hbar^2 k^2}{2m_0}$$

可得

$$|\nabla_k E(\bm{k})| = \frac{\hbar^2 k}{m_0} \qquad (4.82)$$

$$\frac{k_x^2 + k_y^2 + k_z^2}{\dfrac{2m_0 E}{\hbar^2}} = 1$$

即 E 等能面是一个半径为 $k = \dfrac{\sqrt{2m_0 E}}{\hbar}$ 的球形等能面。

于是

$$g(E) = \frac{V}{4\pi^3} \int_E \frac{dS_E}{|\nabla_k E(\bm{k})|} = \frac{V}{4\pi^3 |\nabla_k E(\bm{k})|} \int_E dS_E = \frac{V}{2\pi^2}\left(\frac{2m_0}{\hbar^2}\right)^{\frac{3}{2}} E^{\frac{1}{2}}$$

$$(4.83)$$

其 $g(E) \sim E$ 变化曲线如图 4.23 所示。

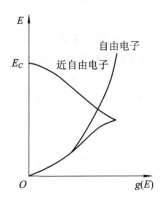

图 4.23　真空自由电子和近自由电子的能态密度

对于 4.3 节中所讨论的近自由电子，周期性晶格势场的影响主要表现在布里渊区边界附近，远离布里渊区边界时，非常接近于真空自由电子，其等能面为一系列球形等能面，如图 4.24 所示。而接近布里渊区边界时，周期势场微扰的结果使能量降低，也就是说，要达到同样的能量 E，就需要更大的 k，于是等能面将向外凸出，能量接近第一布里渊区边界 E_A 时，等能面一个比一个更加强烈地向外凸出，于是能态密度 $g(E)$ 将比真空自由电子偏大，并在能量为 E_A 时达到最大值。当能量超过 E_A 时，由于等能面开始残破，面积不断下降，于是能态密度 $g(E)$ 开始下降，直至到达布里渊区顶角 E_C 时，等能面缩为几个顶角点，能态密度 $g(E)$ 也相应地降为 0（如图 4.23 所示）。

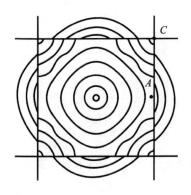

图 4.24　近自由电子的等能面

相应地，当能量 E 超过第二布里渊区的最低能量 E_B 时，能态密度 $g(E)$ 将从 E_B 开始，由 0 迅速增大，因此，对于能带交叠（$E_C > E_B$）和能带不交叠

$(E_C < E_B)$两种情况，总的能态密度 $g(E)$ 将具有如图 4.25 所示的两种不同的变化。

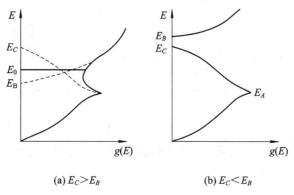

(a) $E_C > E_B$　　　　　　　(b) $E_C < E_B$

图 4.25　能态密度 $g(E)$ 随能量 E 的变化

4.6.3　费米能级

设晶体中有 N 个电子(这里的 N 一般大于晶体中初基元胞总数)，按照能量最低原理和泡利不相容原理，填充低能量能级，若将其视为自由电子，$E(\boldsymbol{k}) = \dfrac{\hbar^2 k^2}{2m_0}$，则 N 个电子将在 $\boldsymbol{k}$ 空间填充半径为 k_F 的球，即

$$\frac{V}{4\pi^3} \frac{4}{3} \pi k_F^3 = N$$

$$k_F = (3\pi^2)^{\frac{1}{3}} \left(\frac{N}{V}\right)^{\frac{1}{3}} = (3\pi^2)^{\frac{1}{3}} n^{\frac{1}{3}} \qquad (4.84)$$

其中，$n = \dfrac{N}{V}$ 为晶体中电子密度。

这个球称为费米球，图 4.26 给出了其二维示意图，k_F 称为费米半径，球的表面称为费米面。显然，费米面是晶体在空间占有与不占有电子的区域的分界面，费米面对应的能量 $E_F = E(k_F) = \dfrac{\hbar^2 k_F^2}{2m_0}$ 称为费米能量或费米能级，$p_F = \hbar k_F$ 称为费米动量，$\upsilon_F = \dfrac{p_F}{m_0} = \dfrac{\hbar k_F}{m_0}$ 称为费米速度。由式(4.84)可知，这些参数的大小都取决于晶体中的电子密度，于是，当晶体发生热膨胀时，电子密度变小，上面这些参数都会随之变小，或者可以换句话说，晶体热膨胀时，费米能级将下降。

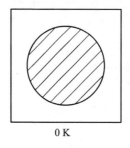 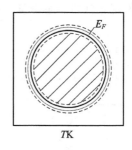

0 K　　　　　　　　　　　　TK

图 4.26　费米球

按照热力学与统计物理,电子占据能量为 E 的能级的概率可以由费米统计分布函数来描述,即

$$f(E) = \frac{1}{1 + e^{\frac{E - E_F}{K_B T}}} \qquad (4.85)$$

式中,T 为绝对温度,K_B 为波尔兹曼常数,E_F 为费米能级。

对于费米分布还可作进一步的分析,首先,对于任意温度,电子占据费米能级的概率恒为 $\frac{1}{2}$,即 $f(E_F) = \frac{1}{2}$。温度不为 0 时,只要 E 比 E_F 高几个 $K_B T$ 时,即有 $f(E) \rightarrow 0$,而只要 E 比 E_F 低几个 $K_B T$ 时,即有 $f(E) \rightarrow 1$,也就是说,在 E_F 上下几个 $K_B T$ 的范围内,$f(E)$ 由 0 变到 1。当 $T \rightarrow 0$K 时这个转变的范围将无限变窄,即所有 $E < E_F$ 的能级将完全被电子填满,而所有高于费米能级的状态都是空的,也就是说,费米能级反映了晶体中电子填充能级的水平,而在 0 K 时费米能级就是晶体中电子填充的最高能级,如图 4.27 所示。

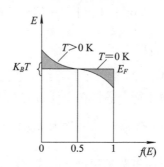

图 4.27　费米分布函数 $f(E)$ 随能量 E 的变化

从图 4.27 中还可以定性地分析 E_F 随温度的变化情况,如果假设 E_F 不随温度变化,而保持 E_F^0($T = 0$K 时的费米能级)不变,那么当温度不为 0 时,E_F^0 以下的能级上被电子占据的概率将下降,E_F^0 以上能级上被电子占据的概率将增

加，而且 E_F^0 上下增加和减少的电子数目应该是关于 E_F^0 对称的，如图 4.27 中两个相似的阴影图形的面积所表示。但是对于晶体中的近自由电子而言，能态密度 $g(E)$ 会随着能量的增加而有所增加，即 E_F^0 以上的 $g(E)$ 会比 E_F^0 以下稍大一些，为了补偿 $g(E)$ 的这种差异，进而保持电子总数不变，晶体中电子费米能级 E_F 必然会随着温度的升高而略有下降。

基于上面的讨论，就可以回答第 3 章中所提到的为什么晶体中电子热运动对晶格热容的贡献很小的问题。根据 Drude(有些教材中音译为德鲁特或特鲁多)所提出的经典自由电子理论，由能量按自由度均分定理，三维电子的动能(不考虑其势能)为 $\frac{3}{2}k_BT$，那么 1 mol 单原子晶体中所有自由电子的内能为

$$U = N_0 \cdot Z \cdot \frac{3}{2}k_BT \qquad (4.86)$$

其中，N_0 为阿佛加德罗常数，Z 为价电子数。对于一价金属，$Z=1$，电子热容

$$C_{Ve} = \frac{3}{2}N_0k_B = \frac{3}{2}R \quad (R \text{ 为气体常数}) \qquad (4.87)$$

这与第 3 章中计算得到的晶格热容的数量级相同，而且当价电子数 Z 更大时，电子热容可以大于晶格热容，这显然与杜隆-珀替定律的实验结果 $C_V \equiv 3R$ 是不相符的，这也正是经典自由电子论的局限性，即解释不了金属的比热问题。

按照我们上面所讨论的晶体中近自由电子的量子理论，就可以很好地解释这一问题，在图 4.26 所示的 $T>0$ 的费米球中，大多数自由电子的能量远低于 E_F^0，受到能量最低原理和泡利不相容原理的约束，其能量状态基本上不发生变化，而只有 E_F^0 附近几个 k_BT 范围内的电子受到热激发而跃迁到能量更高的能级上，即这部分电子能量的变化才对热容有贡献，这才是真正的电子热容。一般 E_F^0 只有几个电子伏特，因此室温时 $\left(\dfrac{k_BT}{E_F^0}\right)$ 仅仅是 1% 的数量级，可见一般情况下电子热容对晶格热容而言的确是可以忽略的。低温时，晶格热容迅速下降，并按 T^3 趋于 0，而电子热容和 T 成正比，随温度下降比较缓慢，在液氦温度范围，两者的大小变得可以相比，而这正好是实验测量晶体电子热容的依据。

☞ **4.6.4 功函数和接触电势**

当晶体中电子获得足够能量时就有可能摆脱晶体的束缚，这一现象称为热电子发射。实验表明，热电子发射电流随温度基本上按下面的指数规律变化

$$e^{-\frac{W}{k_BT}} \qquad (4.88)$$

式中，k_B 为波尔兹曼常数，T 为绝对温度，W 被称为晶体的功函数。

　　按照经典自由电子论，金属晶体中的自由电子可以被看做是处在一个如图 4.28(a) 所示的恒定的势阱中，势阱深度 χ 表示电子摆脱金属束缚所必须做的功，称为逸出功。也就是说，根据经典自由电子论，晶体中电子的功函数就等于其逸出功，即

$$W = \chi \tag{4.89}$$

　　然而，按照现在的量子理论，对晶体热电子发射以及功函数的解释却有些不同，如图 4.28(b) 所示，晶体中的自由电子（价电子）仍然是处于一个深度为 χ 的势阱之中，但电子在该势阱中具有一定的能量分布，即能带，费米能级反映了该势阱中电子占据的最高能级。于是，当晶体中电子获得能量时，能带上部的高能量电子将首先实现热电子发射，显然，这时晶体电子的功函数就变成了势阱深度与费米能级之间的差值，即

$$W = \chi - E_F \tag{4.90}$$

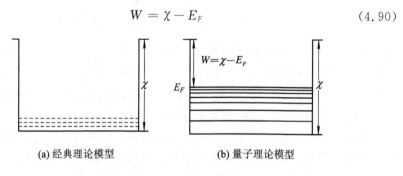

(a) 经典理论模型　　　　(b) 量子理论模型

图 4.28　晶体中的电子势阱模型

　　功函数不同的两个晶体（以金属导体为例）相接触，或者通过导线相连接时，如图 4.29 所示，就会感应出不同的电荷并形成电势 V_A 和 V_B，称为接触电势。

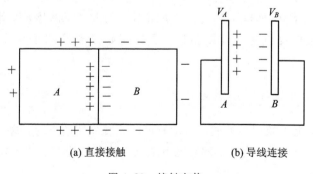

(a) 直接接触　　　　(b) 导线连接

图 4.29　接触电势

在图 4.30 所示的能级图中,上部标记为"0"的虚线表示真空能级,两种金属功函数的不同直接表现为费米能级的高低不同,由于费米能级反映了电子的能量,当 A、B 相接触或通过导线连接时,就会发生电子从费米能级高的 A 金属到费米能级低的 B 金属的流动,从而使 A 金属表面带正电,B 金属表面带负电,产生的静电势

$$V_A > 0, \quad V_B < 0$$

这时,金属 A 和 B 中的电子将分别产生附加的静电势能

$$-qV_A < 0, \quad -qV_B > 0$$

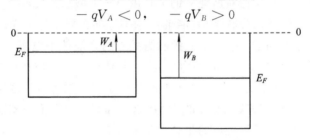

图 4.30 两种金属的能级图及其功函数

从能级图上看,上述作用的结果将表现为 A 的整个能级图下降,B 的能级图上升,结果使 A 和 B 的费米能级相接近以致拉平,如图 4.31 所示。系统费米能级统一以后,电子将不再流动,这种平衡情况下的电势差 $V_A - V_B$ 就称为金属 A 和 B 的接触电势差。从图中可以直接得到接触电势差与功函数之间的关系为

$$-qV_B - (-qV_A) = W_B - W_A$$

或

$$V_A - V_B = \frac{1}{q}(W_B - W_A) \tag{4.91}$$

图 4.31 两种金属的接触电势差及其功函数

从上面的分析中不难想到,任何两种功函数(或费米能级)不同的材料相接触时都会产生接触电势差,而且对于功函数(或费米能级)随外界条件(如光、热、磁、电等)比较敏感的材料(如半导体)而言,接触电势差也会随着外界条件发生明显变化,这也是很多实际应用的理论基础。

4.7　晶体中电子在外力作用下的运动

前几节的内容可以看做是晶体能带理论的基础，其研究思路可以作如下简单的总结：对于周期性晶格势场中的多电子体系问题，首先通过绝热近似和单电子近似将其简化为单电子问题，建立定态薛定谔方程，求解得到布洛赫波；利用量子力学中的微扰论对所建立的近自由电子模型求解就可以得到一系列由允带和禁带交替组成的带状结构（能带），并且禁带的宽度为 $2|V_h|$。

这是一种稳态问题，而实际上我们更关心的是晶体中电子在存在外力（电场或磁场）时的运动情况。这时外力不为 0，晶体中电子将被持续加速，能量在不断变化，是一种非稳态问题，必须求解非稳态薛定谔方程，这显然已经超出了目前同学们的物理基础。那么如何解决这个问题？我们不妨先通过受力分析来看看这个问题能否通过经典的牛顿力学来解决。

假定晶体中电子受到的外力来源于电场力，当外电场 $E \neq 0$ 时，晶体中的近自由电子受到的合力包括周期性晶格场力和外电场力两部分，建立的牛顿运动方程为：

$$m_0 \boldsymbol{a} = \boldsymbol{F}_{合} = \boldsymbol{F}_{外} + \boldsymbol{F}_l \tag{4.92}$$

其中，m_0 为电子静止质量，$\boldsymbol{a}$ 为电子加速度，$\boldsymbol{F}_l$ 为晶格场力，$\boldsymbol{F}_{外}$ 为外电场力。显然，$\boldsymbol{F}_{外} = -q\boldsymbol{E}$（$q$ 为电子电荷）很容易计算，但晶格场力 $\boldsymbol{F}_l$ 的计算却很麻烦，如果能将晶格场力对电子运动的影响放入到质量参数中去，即引入一个特殊参数 m^*（称为晶体中电子的有效质量），那么就可以通过

$$m^* \boldsymbol{a} = \boldsymbol{F}_{外} \tag{4.93}$$

把晶体中电子的加速度和外场力直接联系起来，从而将问题简化为一个纯粹的经典力学的问题。而晶体中电子有效质量 m^* 则可以通过回旋共振实验加以确定。这就是解决晶体中电子在外力作用下的运动问题的基本思路。

☞ 4.7.1　晶体中电子的准经典运动

1. 电子的速度

根据真空自由电子的 $E \sim k$ 关系式（4.5）以及波粒二象性不难得到电子的运动速度为

$$\upsilon = \frac{\boldsymbol{P}}{m_0} = \frac{\hbar \boldsymbol{k}}{m_0} = \frac{1}{\hbar} \nabla_k E(\boldsymbol{k}) \tag{4.94}$$

由此可以推广到晶体中的布洛赫电子

$$\upsilon_n = \frac{1}{\hbar} \nabla_k E_n(\boldsymbol{k}) \tag{4.95}$$

其中，下标 n 表示晶体中第 n 个能带。

在图 4.32(a)所示的一维能带中，其对应的电子运动速度随波矢 k 的变化如图 4.32(b)所示，由于在能带底部和能带顶部 $E(k)$ 为极值，曲线斜率为 0，因此能带底部和顶部电子的运动速度为 0。从图 4.32(b)中还可以看到，在能带中不存在电子运动速度的最大值，晶体中电子运动的这一特点显然与自由粒子的运动速度总是随能量增加而单调增加的规律是很不相同的。

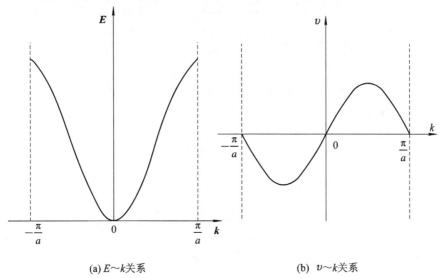

(a) $E \sim k$ 关系   (b) $\upsilon \sim k$ 关系

图 4.32 一维能带中电子的运动速度

2. 外力作用下晶体中电子运动状态的变化

外场力 $\boldsymbol{F}_{外} \neq 0$ 时，$\mathrm{d}t$ 时间内电子从外场获得的能量为 $\mathrm{d}E = \boldsymbol{F}_{外} \cdot \upsilon \, \mathrm{d}t$，于是，单位时间内电子获得的能量为

$$\frac{\mathrm{d}E}{\mathrm{d}t} = \boldsymbol{F}_{外} \cdot \upsilon = \frac{1}{\hbar} \boldsymbol{F}_{外} \cdot \nabla_k E(\boldsymbol{k}) \tag{4.96}$$

根据复合函数求导，有

$$\frac{\mathrm{d}E}{\mathrm{d}t} = \frac{\partial E}{\partial k_x} \cdot \frac{\mathrm{d}k_x}{\mathrm{d}t} + \frac{\partial E}{\partial k_y} \cdot \frac{\mathrm{d}k_y}{\mathrm{d}t} + \frac{\partial E}{\partial k_z} \cdot \frac{\mathrm{d}k_z}{\mathrm{d}t} = \frac{\mathrm{d}k}{\mathrm{d}t} \cdot \nabla_k E(\boldsymbol{k}) \tag{4.97}$$

比较式(4.96)和式(4.97)就可以得到

$$\boldsymbol{F}_{外} = \hbar \frac{\mathrm{d}\boldsymbol{k}}{\mathrm{d}t} = \frac{\mathrm{d}\boldsymbol{P}}{\mathrm{d}t} \tag{4.98}$$

可见，外力作用会引起电子波矢 $\boldsymbol{k}$ 的变化，其中$\hbar\boldsymbol{k}$ 具有动量的量纲，将其称为

晶体中 Bloch 电子的准动量，由于 $\boldsymbol{F}_{外}$ 并不是晶体中电子受到的总外力（不包含晶格场力），因此 $\boldsymbol{P}=\hbar\boldsymbol{k}$ 并不是 Bloch 电子的真实动量。

3. 电子的加速度

将电子的速度对时间求导就可以得到其加速度

$$\boldsymbol{a}=\frac{\mathrm{d}\upsilon}{\mathrm{d}t}=\frac{1}{\hbar}\frac{\mathrm{d}}{\mathrm{d}t}(\nabla_k E(\boldsymbol{k})) \tag{4.99}$$

在 k_x、k_y、k_z 三个方向上的分量分别为

$$\begin{cases} \dfrac{\mathrm{d}\upsilon_{k_x}}{\mathrm{d}t}=\dfrac{1}{\hbar}\left(\dfrac{\partial^2 E}{\partial k_x^2}\dfrac{\mathrm{d}k_x}{\mathrm{d}t}+\dfrac{\partial^2 E}{\partial k_x k_y}\dfrac{\mathrm{d}k_x}{\mathrm{d}t}+\dfrac{\partial^2 E}{\partial k_x k_z}\dfrac{\mathrm{d}k_x}{\mathrm{d}t}\right) \\[2mm] \dfrac{\mathrm{d}\upsilon_{k_y}}{\mathrm{d}t}=\dfrac{1}{\hbar}\left(\dfrac{\partial^2 E}{\partial k_x k_y}\dfrac{\mathrm{d}k_y}{\mathrm{d}t}+\dfrac{\partial^2 E}{\partial k_y^2}\dfrac{\mathrm{d}k_y}{\mathrm{d}t}+\dfrac{\partial^2 E}{\partial k_y k_z}\dfrac{\mathrm{d}k_y}{\mathrm{d}t}\right) \\[2mm] \dfrac{\mathrm{d}\upsilon_{k_z}}{\mathrm{d}t}=\dfrac{1}{\hbar}\left(\dfrac{\partial^2 E}{\partial k_x k_z}\dfrac{\mathrm{d}k_z}{\mathrm{d}t}+\dfrac{\partial^2 E}{\partial k_y k_z}\dfrac{\mathrm{d}k_z}{\mathrm{d}t}+\dfrac{\partial^2 E}{\partial k_z^2}\dfrac{\mathrm{d}k_z}{\mathrm{d}t}\right) \end{cases} \tag{4.100}$$

写成矩阵形式为

$$\boldsymbol{a}=\begin{pmatrix} \dfrac{\mathrm{d}\upsilon_{k_x}}{\mathrm{d}t} \\[2mm] \dfrac{\mathrm{d}\upsilon_{k_y}}{\mathrm{d}t} \\[2mm] \dfrac{\mathrm{d}\upsilon_{k_z}}{\mathrm{d}t} \end{pmatrix}=\frac{1}{\hbar^2}\begin{pmatrix} \dfrac{\partial^2 E}{\partial k_x^2} & \dfrac{\partial^2 E}{\partial k_x k_y} & \dfrac{\partial^2 E}{\partial k_x k_z} \\[2mm] \dfrac{\partial^2 E}{\partial k_x k_y} & \dfrac{\partial^2 E}{\partial k_y^2} & \dfrac{\partial^2 E}{\partial k_y k_z} \\[2mm] \dfrac{\partial^2 E}{\partial k_x k_z} & \dfrac{\partial^2 E}{\partial k_y k_z} & \dfrac{\partial^2 E}{\partial k_z^2} \end{pmatrix}\begin{pmatrix} \hbar\dfrac{\mathrm{d}k_x}{\mathrm{d}t} \\[2mm] \hbar\dfrac{\mathrm{d}k_y}{\mathrm{d}t} \\[2mm] \hbar\dfrac{\mathrm{d}k_z}{\mathrm{d}t} \end{pmatrix} \tag{4.101}$$

与牛顿方程 $\boldsymbol{a}=\dfrac{1}{m_0}\boldsymbol{F}_{外}$ 具有类似的形式，于是我们就把

$$\frac{1}{m^*}=\frac{1}{\hbar^2}\begin{pmatrix} \dfrac{\partial^2 E}{\partial k_x^2} & \dfrac{\partial^2 E}{\partial k_x k_y} & \dfrac{\partial^2 E}{\partial k_x k_z} \\[2mm] \dfrac{\partial^2 E}{\partial k_x k_y} & \dfrac{\partial^2 E}{\partial k_y^2} & \dfrac{\partial^2 E}{\partial k_y k_z} \\[2mm] \dfrac{\partial^2 E}{\partial k_x k_z} & \dfrac{\partial^2 E}{\partial k_y k_z} & \dfrac{\partial^2 E}{\partial k_z^2} \end{pmatrix} \tag{4.102}$$

定义为晶体中电子的有效质量。由于晶格的对称性，该矩阵很容易通过幺正变换而变成一个其他元素均为零的对角矩阵，即

$$\frac{1}{m^*}=\frac{1}{\hbar^2}\begin{pmatrix} \dfrac{\partial^2 E}{\partial k_x^2} & 0 & 0 \\[2mm] 0 & \dfrac{\partial^2 E}{\partial k_y^2} & 0 \\[2mm] 0 & 0 & \dfrac{\partial^2 E}{\partial k_z^2} \end{pmatrix}=\begin{pmatrix} \dfrac{1}{m_{k_x}^*} & 0 & 0 \\[2mm] 0 & \dfrac{1}{m_{k_y}^*} & 0 \\[2mm] 0 & 0 & \dfrac{1}{m_{k_z}^*} \end{pmatrix} \tag{4.103}$$

可见，晶体中电子有效质量与电子的静止质量有很大不同，它是一个 3×3 的矩阵，即是一个张量，而且由晶体中的 $E \sim k$ 关系决定，即使化成对角矩阵以后，由于晶体的各向异性，电子有效质量在不同方向的分量（$m_{k_x}^*$、$m_{k_y}^*$、$m_{k_z}^*$）也将有所不同，不难想象，晶体中电子在外力作用下，其加速度沿不同方向的分量也会不同，于是电子加速度的方向将会与其所受外力的方向不一致，这是晶体中电子运动的一个重要特点，并且有很多重要的实际应用。

那么晶体中电子有效质量还有哪些特点呢？我们不妨先根据电子的 $E \sim k$ 关系作出其电子的速度及有效质量随电子波矢 k 的变化曲线，这样观察起来更为直观一些。当晶体中某一能带对应的 $E \sim k$ 关系如图 4.33(a) 所示时，通过求导就可以得到其对应的电子运动速度、加速度、有效质量等随 k 的变化情况，对于不同的能带，得到的曲线的形状会不太相同，但得到的结论却是相同的。根据图 4.33(d) 所示，晶体中电子有效质量是随电子波矢 k 变化的，并且在能带底部附近 $m^* > 0$，在能带顶部附近 $m^* < 0$，而在布里渊区中心到边界的中点位置上 $m^* \to \infty$，对于这一点需要作一些简单的物理分析，从式 (4.92) 和式 (4.93) 很容易推导出

$$m^* = \frac{\boldsymbol{F}_{\text{外}}}{\boldsymbol{F}_{\text{外}} + \boldsymbol{F}_l} m_0 \qquad (4.104)$$

于是，$m^* \to \infty$ 时正好对应 $\boldsymbol{F}_{\text{外}} = -\boldsymbol{F}_l$，即电子受到的外力与晶格场力大小相等、方向相反而抵消，外力对电子所做的功全部转化为晶格内能。

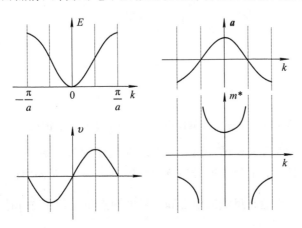

图 4.33　晶体中电子能量、速度、加速度、有效质量随电子波矢 k 的变化

通过上面的分析可以对晶体中电子有效质量的特点及其物理意义作一简单的小结：在研究晶体中电子在外力作用下的运动问题时，为了研究的方便，避

免对复杂的晶格场力的计算，引入了电子有效质量的概念，电子有效质量包含了周期性晶格势场的影响，从而可以将晶体中电子准经典运动的加速度与所受的外力通过牛顿运动方程直接联系起来。电子有效质量 m^* 与电子的惯性质量 m_0 有很大差别，它一般不是常数，而是一个由晶体能带结构（$E \sim k$ 关系）所决定的张量；m^* 可正可负，在能带底附近为正，在能带顶附近为负；由于晶体的各向异性，有效质量的分量一般并不相等，因而电子加速度和外力的方向可以不同。

　　下面对晶体中电子在外力作用下的运动作进一步的讨论，假定恒定外力（以恒定电场为例）$\boldsymbol{F}_{外} = -q\boldsymbol{E}$（$q$ 为电子电荷，$\boldsymbol{E}$ 为电场强度）沿 k 轴的正方向，由式（4.98）可知，这时晶体中的电子将在 k 空间作匀速运动，但是作为准经典运动，电子的运动将一直被限制在同一个能带内。在如图 4.34 所示的扩展布里渊区中，电子在 k 空间的匀速运动，就意味着电子的能量（或者准动量）将沿着 $E(k)$ 曲线周期性变化。若用简约布里渊区表示，当电子运动到布里渊区边界 $\left(k = \dfrac{\pi}{a}\right)$ 时，由于 $k = -\dfrac{\pi}{a}$ 与 $k = \dfrac{\pi}{a}$ 相差倒格矢 $\dfrac{2\pi}{a}$，实际上代表同一状态，所以电子从 $k = \dfrac{\pi}{a}$ 移出第一布里渊区的同时又从 $k = -\dfrac{\pi}{a}$ 移进第一布里渊区，即电子在 k 空间实际是在做循环运动。

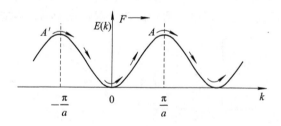

图 4.34　扩展布里渊区中电子在恒定外力下的循环运动

　　电子在 k 空间的这种循环运动，表现在电子速度上就是随时间的振荡变化。比如 $t = 0$ 时，电子位于能带底 $k = 0$ 处，$m^* > 0$，在外力的作用下开始加速，v 逐渐增大；到达布里渊区中心和边界的中点位置 $\left(k = \dfrac{\pi}{2a}\right)$ 时，$m^* \to \infty$，速度 v 达到最大值；k 超过 $\dfrac{\pi}{2a}$ 以后，$m^* < 0$，v 开始减小，直至 $k = \dfrac{\pi}{a}$ 时速度降为 0，这时电子位于能带顶，$m^* < 0$，外力的作用又会使 $v < 0$（即电子将沿外力相反方向运动），当 k 在 $-\dfrac{\pi}{a} \sim -\dfrac{\pi}{2a}$ 之间时，速度绝对值不断增大，在 $k = -\dfrac{\pi}{2a}$ 时

速度 v 达到最小值（绝对值最大），当 k 超过 $-\dfrac{\pi}{2a}$，$m^* > 0$，电子沿正向加速的结果使得电子速度的绝对值减小，直至 $k=0$ 时，v 变为 0。这就是恒定外力作用下晶体中电子运动速度的振荡。

k 空间电子运动速度的振荡，意味着电子在正空间（x 空间）也会发生振荡。比如，$E(k)$ 表示的是电子在周期性晶格势场中的能量，当存在外力（仍以电场为例）时，则会产生一个附加的静电势能 $-qV$，在上面的例子中，电场沿 $-x$ 方向，电势 V 随 x 而增加，静电势能沿 x 轴下降，于是电子的总能量将随 x 发生变化，导致能带产生倾斜，如图 4.35 所示。

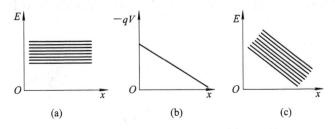

图 4.35　存在外力时晶体能带发生的倾斜

在如图 4.36 所示的两个相邻的能带中，假定 $t=0$ 时电子位于较低能带的底部 A 点，在外力作用下电子从 A 点经 B 点到达 C 点，对应于电子从 $k=0$ 到 $k=\pi/a$ 的运动。在 C 点，电子碰到了能带间隙（禁带），相当于是一个势垒。在准经典运动中，电子被限制在同一能带中运动，电子碰到势垒后会被全部反射回来（对应 k 空间由 $k=\pi/a$ 到 $k=-\pi/a$），电子从 C 点经 B 点返回到 A 点，对应于电子从 $k=-\pi/a$ 到 $k=0$ 的运动。这就是电子在正空间（x 空间）的振荡。

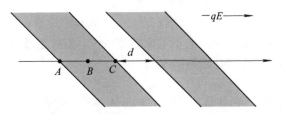

图 4.36　外力（如电场）作用下晶体中电子在 x 空间的运动

在上述讨论中有两点需要引起注意：首先，晶体中电子在 x 空间的这种振荡现象实际上是很难观察到的，原因是晶体中电子在运动过程中会不断受到晶格振动（声子）、杂质原子以及各种晶格缺陷的散射（碰撞），相邻两次碰撞之间的平均时间间隔称为电子的平均自由运动时间，用 τ 表示，如果 τ 很小，那么电子来不及完成振荡运动就会被各种散射而破坏掉。τ 的典型值约为 10^{-13} s，那么要想观察到上述振荡现象，就必须满足下面的条件：

$$\omega \tau \gg 1 \tag{4.105}$$

其中，ω 为振荡角频率，可以通过下面的式子进行估算：

$$\omega = \cfrac{2\pi}{\left(\cfrac{\text{布里渊区宽度}}{\text{电子在 }k\text{ 空间的运动速度}}\right)} = \cfrac{2\pi}{\left(\cfrac{2\pi/a}{qE/\hbar}\right)} = \frac{qEa}{\hbar} \tag{4.106}$$

比如，取 $a \approx 3\text{Å}$、$\tau \approx 10^{-13}$ s 时，要想满足式（4.105）中的振荡条件，电场强度就必须大于 2×10^5 V/cm，而这么高的电场在金属材料中显然是无法实现的，而对于绝缘材料则早已发生了击穿。因此在一般电场条件下，晶体中电子在 k 空间只能产生一个小的位移，而不会发生振荡。

需要注意的第二点就是：在准经典运动中，当电子运动遇到禁带时将会被全部反射回来，但是按照量子理论，电子遇到势垒时会有部分穿透势垒、部分被反射回来，电子穿透势垒的概率取决于势垒的高度和宽度。如图 4.37 所示，势垒高度就是禁带宽度 E_g，而势垒宽度由电场决定，由于能带倾斜的斜率为 qE，因此势垒宽度 $d = E_g/qE$，从下面的关系式

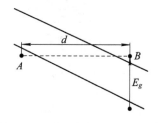

图 4.37 隧道效应中的势垒宽度

$$\text{穿透概率} \propto \exp\left[-\frac{\pi^2}{\hbar}(2m_0 E_g)^{1/2}\left(\frac{E_g}{qE}\right)\right]E \tag{4.107}$$

可以明显看出，电子穿透势垒的概率会随着电场强度的增加而急剧增加。如果底下的能带为满带（或近满带，即价带），电子在电场作用下将很容易达到能带顶部；如果上面的能带为空带（或基本上是空带，即导带），可以接受电子；于是当电场足够强时，价带中的电子就有一定的概率穿透禁带而到达导带，这就是隧道效应。准经典运动中一般不考虑隧道效应，但隧道效应在半导体中却很重要，它是很多半导体器件物理的基础。

☞ 4.7.2 导体、半导体和绝缘体的能带论解释

通过能带理论，可以对包含大量电子的固体材料的导电能力为什么会有很大差别，并被区分为导体、半导体和绝缘体这一问题，给出一个统一的解释，这是现代固体物理理论的一个重要基础。

1. 满带电子不导电

前面的能带理论中有一个重要结论，那就是，晶体中电子的能量是电子波矢

的偶函数，即对于任意能带，k 状态和 $-k$ 状态具有相同的能量 $E(k) = E(-k)$。而由于 $E(k)$ 曲线在 k 和 $-k$ 处的斜率大小相等方向相反，因此这两个状态对应的速度也正好相反，即 $v(k) = -v(-k)$。于是对于任意一个满带而言，尽管其中每一个电子都会提供一定的电流 $-qv(k)$，但是 k 状态和 $-k$ 状态的电子电流正好相抵消，因此满带中电子的总电流等于 0。

当存在外力(外电场或外磁场等)时，以图 4.38 所示的一维情况为例，这时能带中所有电子的状态都以 $\dfrac{\mathrm{d}k}{\mathrm{d}t} = \dfrac{F}{\hbar}$ 的速度匀速运动，从布里渊区边界 A 处移出去的电子实际上同时又从 A' 处移进来，于是整个能带中的电子仍然保持均匀填充的情况，即满带电子在存在外力时仍不导电(不考虑隧道效应)。

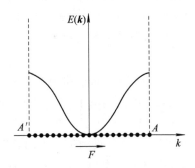

图 4.38　满带电子在外力作用下的运动

对于非满带(部分填充)而言，外力为 0 时，如图 4.39 所示，电子按照能量最低原理和泡利不相容填充能级的情况仍然是关于 $k=0$ 对称的，因此总的电子电流仍为 0。但当外力不为 0 时，能带中的电子分布将向一个方向发生移动，从而破坏了原来的对称分布，而产生一个小的偏移，如图 4.40 所示。这时能带中的电子电流将只是部分抵消，未被抵消的部分就是非满带电子的总电流。

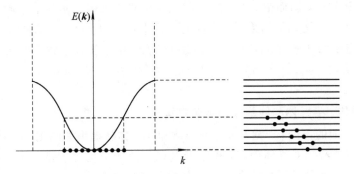

图 4.39　外力为 0 时非满带电子填充能带的情况

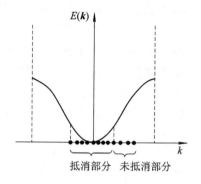

抵消部分　未抵消部分

图 4.40　外力不为 0 时非满带电子填充发生的偏移

从上面的讨论中得到的基本结论就是，满带电子任何情况下都不参与导电，只有非满带电子在存在外力时才会参与导电。

2. 近满带和空穴

缺少少量电子的能带称为近满带，近满带也具有一定的导电性，这种情况在半导体中具有特殊的意义，并由此引出了"空穴"这一重要的物理概念。

极端地，不妨假定满带中只有 k 状态上缺少一个电子，按照能量最低原理，这个 k 状态必然位于能带顶。这时近满带电子的总电流 $I(k)$ 应该不等于 0，但是如果假想在空的 k 状态中填入一个电子，其电流为 $-qv(k)$，于是近满带变成了满带，其电子总电流应为 0，即

$$I(k) + [-qv(k)] = 0$$

或

$$I(k) = qv(k) \tag{4.108}$$

这表明，该近满带电子的总电流就相当是一个带正电荷 q 的粒子产生的电流，我们就把这种假想的粒子定义为空穴，可见，空穴是一个等效的概念，它并不是一种实物粒子，因而被称为"准粒子"，少量空穴的运动实际上反映了近满带中大量电子集体运动的结果。从上面的讨论中还可以看到，空穴的运动速度与 k 状态上电子的速度相同，它的运动方向与外力的方向一致，因而它还具有正的有效质量，$m_h^* = -m_e^*$，其中下标"h"代表空穴（hole），"e"代表电子（electron）。

3. 导体、半导体和绝缘体的能带模型

通过上面的讨论，可对导体、半导体和绝缘体就提出如图 4.41 所示的基本的能带结构模型。对导体而言，价带及其以下的能带均为满带，任何情况下都不参与导电，而导带则是一个具有部分电子填充的非满带，在外力作用下可以参与导电。$T=0K$ 时半导体和绝缘体的能带结构非常相似，即价带及以下均为

满带，导带及以上均为空带，均不导电。而半导体和绝缘体的主要区别就在于，半导体的禁带宽度（以后专指导带和价带之间的禁带）比绝缘体小，在一定的温度下，价带顶的少量电子可以获得足够的能量跃迁进入导带（这一过程称为本征激发），从而使导带和价带都变成非满带而具有一定的导电性。另外，半导体中存在的杂质或其他缺陷也会改变其电子填充能带的情况，使导带中出现少量电子，或者价带中出现少量空穴，从而具有一定的导电性。这方面的内容在《半导体物理》中将会进行更深入细致的研究。

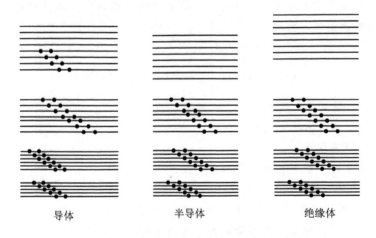

导体   半导体   绝缘体

图 4.41 导体、半导体和绝缘体的能带模型

从上面的讨论中还可以看出半导体不同于导体的特点，那就是导体通过电子导电，而半导体则可以通过电子或空穴两种导电机构（载流子）进行导电。

另外需要指出的是，在金属和半导体之间还存在一种中间情况，即导带底和价带顶或者发生交叠或者具有相同的能量（有时称为具有负的禁带宽度或零禁带宽度），这时往往也会出现导带具有一定量电子而价带同时具有少量空穴的情况，称为半金属。比如金属铋（Bi），其导带电子密度为 3×10^{17} cm^{-3}，比典型金属低 5 个数量级，而电阻率比大多数金属高 1～2 个数量级。

习题与思考题

1. 晶格常数为 a 的一维晶格中，电子波函数为

(1) $\psi(k,x)=i\cos\left(\dfrac{3\pi}{a}x\right)$;

(2) $\psi(k,x)=\displaystyle\sum_{l=-\infty}^{\infty}f(x-la)$，$f$ 是一个确定函数。

试求对应的电子波矢 k。

2. 如果一维周期势场为

$$V(x) = \begin{cases} \dfrac{1}{2}mW^2\big[b^2 - (x-na)^2\big], & na-b \leqslant x \leqslant na+b \\ 0, & (n-1)a+b \leqslant x \leqslant na-b \end{cases}$$

其中，$a=4b$，W 为常数。试画出此势场的曲线，并求其平均值。

3. 对于一个简单正方晶格，试证明其第一布里渊区顶角上自由电子的能量是该区一边中点的 2 倍。如果是一个简单立方晶格，那么第一布里渊区顶角上电子的能量比该区面心上大多少？

4. 设一维晶格的电子能带可以写成

$$E(k) = \frac{\hbar^2}{m_0 a^2}\left(\frac{7}{8} - \cos ka + \frac{1}{8}\cos 2ka\right)$$

其中，a 为晶格常数。试计算：

(1) 电子在波矢 k 状态的速度；

(2) 能带宽度；

(3) 能带顶和能带底的电子有效质量。

5. 试计算二维金属中自由电子的能态密度。

6. 如果晶体某能带的 $E \sim k$ 关系如题 6 图所示，试定性画出其中电子运动速度、加速度以及电子有效质量随电子波矢 k 的变化曲线。

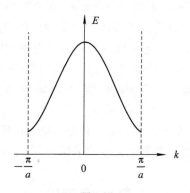

题 6 图

7. 已知某简立方晶体的晶格常数为 a，其价电子的能带为

$$E = A\cos(k_x a)\cos(k_y a)\cos(k_z a) + B$$

(1) 已测得能带顶电子的有效质量为 $m^* = -\dfrac{\hbar^2}{2a^2}$，试求参数 A；

(2) 求能带宽度；

(3) 试判断布里渊区中心附近等能面的形状。

8. 晶格常数为 2.5 Å 的一维晶格，当外加 10^2 V/m 和 10^7 V/m 电场时，试分别估算电子自能带底运动到能带顶所需要的时间。

9. 试计算一维金属中自由电子的费米能级。

10. 为什么晶格振动理论采用牛顿力学展开讨论，而能带理论则是基于量子力学框架？

11. 中心方程所揭示的物理意义是什么？

12. 布洛赫电子波函数为什么不具有晶格周期性而具有倒格子周期性？

13. 引入电子有效质量的意义是什么？

14. 引入空穴的物理意义是什么？

15. 电子有效质量为无穷大的物理意义是什么？

16. 晶体热膨胀时费米能级如何变化？晶体温度升高时费米能级如何变化？

参 考 文 献

[1]　黄昆原著，韩汝琦改编. 固体物理学. 北京：高等教育出版社，1988.

[2]　[美]基泰尔(Kittel. C)著. 固体物理导论. 8 版. 项金钟，吴兴惠译. 北京：化学工业出版社，2005.

[3]　宗祥福，翁渝民. 材料物理基础. 上海：复旦大学出版社，2001.

[4]　方俊鑫，陆栋. 固体物理学(上、下册). 上海：上海科学技术出版社，1983.

[5]　徐毓龙，阎西林，等. 材料物理导论. 成都：电子科技大学出版社，1995.

[6]　杜丕一，潘颐. 材料科学基础. 北京：中国建材工业出版社，2002.

[7]　潘道铠，赵大成，等. 物质结构. 北京：高等教育出版社，1988.

[8]　韦丹. 固体物理. 北京：清华大学出版社，2003.

[9]　李正中. 固体理论. 2 版. 北京：高等教育出版社，2002.

[10]　阎守胜. 固体物理基础. 北京：北京大学出版社，2003.

[11]　王矜奉. 固体物理教程. 济南：山东大学出版社，2003.

[12]　夏建白. 现代半导体物理. 北京：北京大学出版社，2000.

[13]　李名復. 半导体物理学. 北京：科学出版社，1991.

[14]　刘恩科，朱秉升，罗晋生，等. 半导体物理学. 4 版. 北京：国防工业出版社，1994.

[15]　许振嘉. 近代半导体材料的表面科学基础. 北京：北京大学出版社，2002.

[16]　吴自勤，王兵. 薄膜生长. 北京：科学出版社，2001.

[17]　张三慧. 量子物理. 北京：清华大学出版社，2000.